Arame Ndiaye

Biologie évolutive des gerbilles

Arame Ndiaye

Biologie évolutive des gerbilles

Taxonomie intégrative, systématique évolutive et phylogéographie dans le genre Gerbillus (Rodentia: Muridae)

Presses Académiques Francophones

Impressum / Mentions légales
Bibliografische Information der Deutschen Nationalbibliothek: Die Deutsche Nationalbibliothek verzeichnet diese Publikation in der Deutschen Nationalbibliografie; detaillierte bibliografische Daten sind im Internet über http://dnb.d-nb.de abrufbar.
Alle in diesem Buch genannten Marken und Produktnamen unterliegen warenzeichen-, marken- oder patentrechtlichem Schutz bzw. sind Warenzeichen oder eingetragene Warenzeichen der jeweiligen Inhaber. Die Wiedergabe von Marken, Produktnamen, Gebrauchsnamen, Handelsnamen, Warenbezeichnungen u.s.w. in diesem Werk berechtigt auch ohne besondere Kennzeichnung nicht zu der Annahme, dass solche Namen im Sinne der Warenzeichen- und Markenschutzgesetzgebung als frei zu betrachten wären und daher von jedermann benutzt werden dürften.

Information bibliographique publiée par la Deutsche Nationalbibliothek: La Deutsche Nationalbibliothek inscrit cette publication à la Deutsche Nationalbibliografie; des données bibliographiques détaillées sont disponibles sur internet à l'adresse http://dnb.d-nb.de.
Toutes marques et noms de produits mentionnés dans ce livre demeurent sous la protection des marques, des marques déposées et des brevets, et sont des marques ou des marques déposées de leurs détenteurs respectifs. L'utilisation des marques, noms de produits, noms communs, noms commerciaux, descriptions de produits, etc, même sans qu'ils soient mentionnés de façon particulière dans ce livre ne signifie en aucune façon que ces noms peuvent être utilisés sans restriction à l'égard de la législation pour la protection des marques et des marques déposées et pourraient donc être utilisés par quiconque.

Coverbild / Photo de couverture: www.ingimage.com

Verlag / Editeur:
Presses Académiques Francophones
ist ein Imprint der / est une marque déposée de
OmniScriptum GmbH & Co. KG
Heinrich-Böcking-Str. 6-8, 66121 Saarbrücken, Deutschland / Allemagne
Email: info@presses-academiques.com

Herstellung: siehe letzte Seite /
Impression: voir la dernière page
ISBN: 978-3-8381-4876-2

Zugl. / Agréé par: Dakar, Université Cheikh Anta Diop, Thèse 2013

Copyright / Droit d'auteur © 2014 OmniScriptum GmbH & Co. KG
Alle Rechte vorbehalten. / Tous droits réservés. Saarbrücken 2014

Dédicaces

Par la Grâce du tout puissant…j'y suis …enfin !

Pour tous ceux qui m'ont soutenu particulièrement :

➢ Ma mère Fatou Kiné Bâ, qui n'a cessé de nous pousser à aller de l'avant, je ne saurai assez-vous remercier pour tous les sacrifices consentis toutes ces années. Merci!

➢ Mon père Amadou NDIAYE, qui a su répondre présent, malgré ses multiples occupations

➢ Mes frères Abdoul Aziz, Birahim et Ahmad Moukhtar merci pour le soutien inconditionnel!

➢ Mon mari Dr Cheikh Amadou Tidiane NDAO merci de me supporter si aimablement chaque jour un peu plus !

➢ A mes ami (e) s de longue date : Estelle, Diara, Yacine, Khadim (… !), Mahmadou (domou bay), Papis (Mon Lieutenant !) et sa femme et tous ceux que je n'ai pas pu citer ici …..

➢ Aux familles BA, NDIAYE, DIOP, NDAO

Je vous dédie ce travail! Merci pour le soutien inconditionnel que vous m'avez accordé

Remerciements

❖ Au Professeur Bhen Sikina TOGUEBAYE, malgré vos multiples occupations vous avez accepté de siéger dans mon jury de thèse, de le présider. Merci.

❖ Au Professeur Cheikh Tidiane BA pour nous avoir mené à travers les coulisses de la systématique et en ayant accepté de juger ce travail. Merci.

❖ Au Professeur Mbacké SEMBENE, pour avoir toujours été là, pour avoir guidé nos pas, pour vos encouragements et soutien de tout ordre. Merci.

❖ Au Docteur Gautier DOBIGNY, pour avoir accepté de juger ce travail mais aussi pour le temps que vous avez pris pour moi ! Merci

❖ Au Docteur Violaine NICOLAS, pour les kilomètres parcourus et pour l'intérêt que vous portez à ce travail! Merci d'avoir accepté de siéger dans mon jury de thèse.

❖ Au Docteur Laurent GRANJON sans qui ce travail n'aurait pas eu lieu, pour votre engagement dans ce travail, vos nombreuses qualités humaines entre autres, c'est sans nul doute le vôtre ! Merci beaucoup.

Je tiens aussi à remercier toutes les personnes qui se sont impliqués pour la réalisation de ce travail particulièrement:

❖ A l'Institut de Recherche pour le Développement (IRD) pour avoir accepté de m'accueillir depuis 2009 au sein de l'UMR 022, ayant permis la réalisation de ce travail,

❖ L'ambassade de France à travers le SCAC qui m'a octroyé la bourse ayant permis les séjours au CBGP de Montpellier,

❖ Au financement OHM via le projet « Grande Muraille Verte » de l'OHM-Téssekéré

❖ A Jean-François COSSON, pour avoir accepté de m'accueillir au CBGP à Montpellier durant mes différents séjours, pour m'y avoir encadré et pour avoir guidé mes pas en phylogéographie, merci,

❖ A Pascale CHEVRET pour toute la partie Phylogénie que vous avez si bien menée, merci,

❖ A Christine MEYNARD, malgré vos multiples occupations vous avez accepté de regarder avec nous l'Ecologie de nos « petites bêtes », merci,

2

❖ A Jean-Marc DUPLANTIER pour votre disponibilité, votre accessibilité…vos nombreuses qualités humaines sont connues et reconnues ! merci,

❖ Mention spéciale à Caroline TATARD, Philipe GAUTHIER, Marie PAGES, Anne XUEREB pour avoir guidé mes pas sur les différentes plateformes de biologie moléculaire, d'ADN dégradé et de cytogénétique !

❖ Je remercie également tout le personnel de l'UMR 022 du CBGP (Dakar): Mamadou KANE, Aliou SOW, Mamadou DIALLO, Nathalie SARR, Khalilou BA. Mais aussi tous les stagiaires croisés depuis ma première fois au labo: Khadim, Sabelle, Rokhaya, Cheikh, Massamba, Toffène, Assane, Awa, Ibrahima, Raymond, Christophe, Moussa et tous les autres que je n'ai pas pu citer…

❖ J'aurai dû certainement commencer par vous, tous ceux qui ont permis la réalisation de cette thèse en m'envoyant des données de séquences, des bouts de tissus, des ADN pour compléter mon échantillonnage, mais aussi en m'accordant tout le temps nécessaire. En gros je veux remercier A. Dalecky, V. Nicolas, P. Benda, J. Bryja, W. Stanley, J.M. Duplantier, C. BROUAT, S. PIRY, P. Chevret, G. Dobigny, Z. Boratynski, N. Nesi, L. Granjon, M. Thiam, K. Hima et tous ceux que je n'ai pas cité… UN GRAND MERCI!

Sommaire

5

Liste des figures et tableaux

A- Figures

<u>Chapitre I</u>

11

B- Tableaux

Introduction générale

Depuis que le terme a été créé et rendu public (Wilson, 1988), « biodiversité » est devenu un des vocables les plus usités dans le domaine de la biologie. Souvent considérée du point de vue des menaces qui pèse sur elle, la biodiversité génère également un très grand nombre de travaux s'intéressant à son origine et son organisation. La biodiversité recouvre tous les niveaux d'organisation du vivant, depuis les gènes jusqu'aux écosystèmes (Groombrige et Jenkins, 2002). Toutefois, le niveau d'organisation de l'espèce en représente sans conteste un des concepts centraux. De ce fait, l'identification des espèces à travers la taxonomie constitue une étape primordiale dans la connaissance de la biodiversité, permettant d'accéder à la richesse spécifique. Ce paramètre apparemment basique est cependant loin d'être connu, les estimations sur le nombre d'espèces présentes à la surface de la Terre suggérant que l'immense majorité des espèces reste encore à décrire (autour de 90% d'après Mora *et al.*, 2011). Une partie de ce problème est lié à l'existence, maintenant attestée, de nombreux cas d'espèces morphologiquement indiscernables, identifiées sous les termes d'« espèces jumelles » ou « espèces cryptiques » (Bickford *et al.*, 2007). Les espèces jumelles ont été définies par Mayr (1974) comme étant des populations naturelles morphologiquement similaires ou identiques et manifestant un isolement reproductif. La morphologie, pendant longtemps la seule méthode utilisée afin de délimiter les espèces, a dès lors montré ses limites dans le cas de ces espèces jumelles/cryptiques. A partir de là, et en particulier dans le cadre du concept biologique de l'espèce (Mayr, 1942) défini comme étant « un groupe de populations naturelles inter-fertiles, et qui sont reproductivement isolées d'autres groupes semblables », la mise en évidence des espèces jumelles a nécessité l'utilisation de différentes méthodes afin de délimiter et de caractériser les espèces étudiées. L'utilisation combinée d'approches complémentaires a depuis peu été formalisée sous le concept de

« taxonomie intégrative » par Dayrat (2005), devenant ainsi une démarche incontournable en systématique (Fonseca *et al.*, 2008 ; Miralles *et al.*, 2011 ; Cruz-Barraza *et al.*, 2012 ; Ndiaye *et al.*, 2012 ; Arribas *et al.*, 2013 ; Glaw *et al.*, 2013 ; Riedel *et al.*, 2013 ; Vicentes *et al.*, 2013). Parmi ces approches disciplinaires alternatives à la morpho-anatomie « classique », et en restant chez les Rongeurs de la sous-famille des Gerbillinae objet de ce travail, nous pouvons notamment citer la cytogénétique (Lay, 1975 ; Jordan *et al.*, 1974 ; Benazzou 1984; Qmsiyeh, 1986 ; Granjon *et al.*, 1999 ; Dobigny *et al.*, 2001 ; Granjon et Dobigny, 2003 ; Granjon et Denys, 2006 ; Volobouev *et al.*, 1995; Colangelo *et al.*, 2005) et la biologie moléculaire (Chevret et Dobigny, 2005 ; Dobigny *et al.*, 2005 ; Colangelo *et al.*, 2005, 2007 ; Abiadh *et al.*, 2010 ; Ito *et al.*, 2010 ; Granjon *et al.*, 2012 ; Ndiaye *et al.*, 2012, 2013), deux domaines d'études largement utilisés de nos jours en taxonomie.

Cependant, l'intérêt de telles méthodes ne se limite pas à l'identification des taxons. En effet, de plus en plus de systématiciens ont recours à l'outil moléculaire afin de comparer les taxons et reconstruire ainsi les liens de parenté entre les divers groupes étudiés. C'est ainsi que la systématique moléculaire s'est développée avant de devenir incontournable dans l'optique de la reconstruction phylogénétique, la phylogénie étant définie comme étant la science qui étudie l'origine et l'évolution des organismes vivants en vue d'établir leurs liens de parenté (Lecointre et Le Guyader, 2001). Des reconstructions phylogénétiques ont alors été obtenues dans de nombreux groupes d'organismes, permettant ainsi de répondre à des questions tant du point de vue de la taxonomie que de la systématique évolutive (voir par exemple Adkins *et al.*, 2001 ; Chevret et Dobigny, 2005 ; Colangelo *et al.*, 2007 ; Abiadh *et al.*, 2010 ; Ito *et al.*, 2010 ; Pagès *et al.*, 2010 ; Ndiaye *et al.* 2012 pour quelques références chez les rongeurs). Ces analyses phylogénétiques, grâce aux récents développements de la bio-informatique, ont permis de passer de méthodes de reconstructions phylogénétiques basée sur la ressemblance globale (méthodes de distance représentées principalement par le Neighbour-Joining et l'UPGMA) et les principes de la cladistique (méthode du maximum de parcimonie) à, plus récemment, des méthodes probabilistes (Delsuc et Douzery, 2004), comme le maximum de vraisemblance et l'inférence bayésienne. Ces évolutions méthodologiques ne se sont cependant pas limitées à l'amélioration des inférences sur les relations de parenté entre taxons, mais ont également concerné l'estimation des datations d'événements liés à l'évolution des taxons au cours du temps (Zuckerland et Pauling, 1965 ; Douzery *et al.*, 2006).

Ces estimations de dates associées à un ensemble de paramètres estimés à partir des données génétiques peuvent aussi être utilisées afin d'inférer l'histoire évolutive des espèces en prenant en compte divers facteurs climatiques, géologiques et environnementaux passés. Cette démarche correspond à la phylogéographie qui se définit comme étant l'étude des principes et processus qui gouvernent la distribution des lignées généalogiques dans l'espace et dans le temps (Avise *et al.*, 1987 ; 2000). C'est une discipline intégrative de la biologie évolutive car elle étudie les phénomènes génétiques et démographiques ayant conduit à la structuration géographique de la diversité génétique actuelle des populations en faisant appel à divers domaines d'étude tels que l'écologie, la géologie, la paléontologie, la climatologie, la bio-informatique entre autres. Pour toutes ces raisons, elle fait le lien entre la génétique des populations et la phylogénie (Avise, 2000 ; Hickerson *et al.*, 2010), et représente ainsi un puissant outil permettant d'expliquer les processus évolutifs qui gouvernent la diversité actuelle du point intra-spécifique, mais aussi éventuellement interspécifique (Lorenzen *et al.*, 2010). Dans le cas d'une étude de phylogéographie comparée, l'analyse conjointe des données moléculaires relatives à plusieurs espèces d'une zone géographique ou d'un espace écologique particulier, combinée à celle des données géologiques, climatiques ou encore écologiques de l'aire concernée, peuvent permettre d'appréhender l'histoire biogéographique d'une région donnée comme le souligne Moritz (1998) et comme l'illustre Avise (2000 : 217) à travers les aspects III et IV de ses principes de « concordance généalogique ». Dans ce cas, il est particulièrement important de bien connaître les différents facteurs qui caractérisent la distribution des espèces afin de pouvoir expliquer la répartition géographique qu'ils ont pu avoir dans un passé récent et jusqu'à aujourd'hui (Meynard *et al.*, 2011 ; 2012), voire de tenter de faire des prévisions sur la distribution future des espèces grâce à diverses méthodes de simulation (Ganem *et al.*, 2012 ; Meynard *et al.*, 2012).

Parmi les mammifères, les rongeurs constituent un modèle d'étude privilégié pour aborder ces différentes facettes de l'histoire évolutive des taxons. Leur diversité (2277 espèces recensées par Musser et Carleton, 2005), leur ubiquité (ils sont présents sur tous les continents et dans tous les milieux écologiques), leurs rôles dans les écosystèmes mais également dans les interactions qu'ils ont aujourd'hui avec l'homme, en font un des groupes d'intérêt majeur sur la planète. Pour autant, de nombreux aspects de la biologie de la plupart de leurs espèces restent mal connus. C'est le cas de leur systématique évolutive, même si les connaissances dans ce domaine se sont grandement améliorées ces dernières décennies, en particulier du fait de l'apport des données moléculaires (voir synthèse dans Granjon et Montgelard, 2012). Ainsi, le genre *Gerbillus* (sensu Musser et Carleton, 2005), inféodé aux milieux désertiques à subdésertiques du Nord de l'Afrique, du Proche et Moyen-Orient, représente-t-il l'exemple d'un groupe dont la systématique a été parmi les plus fluctuantes chez les rongeurs : le nombre d'espèces de ce genre ainsi que leur distribution en sous-genres, voir en genres distincts ont beaucoup varié selon les auteurs (voir Lay, 1983 ; Pavlinov, 2001 ; Musser et Carleton, 2005 pour revues). De même, les relations phylogénétiques entre les principales lignées identifiées n'ont jamais été étudiées sur la base d'un échantillonnage taxonomique et géographique significatif. Enfin, l'histoire phylogéographique d'aucune des espèces du genre n'a pour l'instant été étudiée en détail, si l'on excepte le travail préliminaire de Nesi (2007). De fait, l'une des zones majoritairement occupée par les

19

représentants de ce genre, à savoir le désert du Sahara, est également un des écosystèmes les moins étudiés, du fait de sa difficulté d'accès et de l'apparente faiblesse de la diversité biologique qui le caractérise. Or, il se révèle peu à peu que le Sahara aurait subi parmi les plus sévères variations climatiques et environnementales enregistrées au Quaternaire, en passant par exemple du « Sahara vert » au désert tel qu'il est connu actuellement entre 12000 et 6000BP (Kröpelin *et al.*, 2008; Sereno *et al.*, 2008; Vignaud *et al.*, 2002). La présence du genre *Gerbillus* a été notée dans des gisements fossiles du Maghreb depuis la fin du Pliocène (environ 2Ma) et de récentes données moléculaires ont estimé l'émergence de ce genre à environ 5Ma BP (Chevret et Dobigny, 2005). Ceci nous permet de penser que l'histoire évolutive de plusieurs des espèces de ce genre se serait essentiellement déroulée dans cette zone biogéographique bien déterminée. L'étude phylogéographique comparée d'un échantillon d'espèces choisi de façon à représenter différentes niches écologiques dans le genre parait donc propice à montrer comment les variations climatiques et/ou environnementales survenues au Sahara ont pu contribuer à la structuration génétique de ces lignées. Ceci suppose également une analyse écologique des espèces candidates, qui auront été préalablement caractérisées précisément quant à leur position systématique dans le genre.

Pour réaliser ces objectifs, nous avons divisé cette thèse en trois principaux chapitres.

✓ Dans le premier chapitre, nous allons tenter d'identifier précisément les différents spécimens référables au genre *Gerbillus* utilisés dans ce travail, via une approche de taxonomie intégrative après quelques généralités concernant la distribution géographique, l'écologie et la systématique du genre tels qu'actuellement connu;

✓ Le second chapitre va porter sur la phylogénie du genre *Gerbillus* où nous allons tenter de mettre en évidence les relations évolutives au sein du genre et dater les principaux événements de divergence mis en évidence, le tout sur la base de données de séquences de gènes (un gène mitochondrial et un gène nucléaire). Les implications systématiques de ces résultats seront également discutées dans ce chapitre ;

✓ Dans le troisième et dernier chapitre nous allons tenter de déterminer l'histoire démographique récente de six espèces saharo-sahéliennes du genre *Gerbillus* en effectuant une analyse phylogéographique comparée sur la base de données de séquences du gène du cytochrome b, après avoir caractérisé les préférences écologiques de ces espèces (en matière de type de sol occupé, en particulier).

Nous terminerons cette thèse par une conclusion générale où nous allons tenter de dégager les principaux résultats et interprétations, ainsi que les perspectives ouvertes par ce travail.

Chapitre I- Taxonomie du genre *Gerbillus*

I.1- Généralités

Les rongeurs du genre *Gerbillus* (Rodentia, Gerbillinae) sont de petite taille (60mm à 140mm de taille « tête + corps » respectivement pour *G. nancillus* et *G. pyramidum* représentant les extrêmes du genre). La queue est généralement prolongée par un pinceau de poils plus ou moins touffu et présente une longueur le plus souvent supérieure à celle du corps. Le pelage est doux, bicolore (dos jaune à brun clair, ventre blanc) et présente une nette ligne de démarcation entre le dos et le ventre (Figure 1.). Les yeux sont globuleux et les soles plantaires sont plus ou moins poilues (Petter, 1975 ; Bonnet, 1997 ; Aulagnier *et al.*, 2008 ; Granjon et Duplantier, 2009 ; Granjon, 2013).

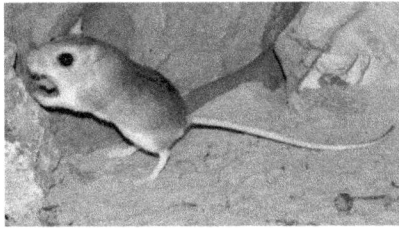

Figure I.1- Photo de rongeur du genre *Gerbillus* (*Gerbillus hoogstrali*) ; ©Photo de E. Grimmberger

La diagnose des espèces est basée sur des caractères morphologiques externes tels que la longueur tête + corps (LTC), la longueur de la queue (LQ), la longueur des oreilles (Or), la longueur des pattes postérieures (Pp), la présence ou non de poils au niveau des soles plantaires et des caractères crânio-dentaires. Parmi ces critères, certains *peuvent* varier en fonction des conditions de vie. Rosevear (1969) et Lay (1975) montrent ainsi que les gerbilles à pieds poilus vivent en général dans les zones sableuses alors que les gerbilles à pieds peu ou pas poilus sont retrouvées dans les zones à substrats durs, voir rocheux. Un autre exemple concerne les bulles tympaniques, au sujet desquelles Lataste (1881) puis Petter (1961) ont émis l'hypothèse selon laquelle les bulles tympaniques des Mammifères seraient d'autant plus volumineuses que ces animaux sont désertiques. Petter (1961) associe ainsi l'hypertrophie des bulles à la faible densité des populations en milieu aride, cette évolution favorisant la communication entre les individus, en particulier en vue du succès de la reproduction.

I.2- Distribution géographique de la diversité du genre *Gerbillus*

Le genre *Gerbillus* occupe les régions désertiques et semi désertiques d'Afrique et d'Asie en passant par la péninsule arabique (Figure I.2.). La diversité spécifique réelle de ce genre est depuis longtemps sujette à discussions (Tableau I.1), le nombre d'espèces reconnues ayant varié entre 36 et 67 suivant les auteurs (Ellerman et Morrison-Scott, 1951 ; Corbet, 1978 ; Musser et Carleton, 2005).

Figure I.2- Distribution géographique du genre *Gerbillus* telle actuellement connue

Tableau I.1- Principales références concernant la taxonomie du genre *Gerbillus* ainsi que les principaux critères de diagnoses utilisés

Référence	Zone biogéographique couverte	Classification	Nombre d'espèces	Principaux critères utilisés et observations
Lay 1983	Afrique+Asie+Arabie	Genre *Gerbillus* sans subdivisions	62	nature des soles plantaires, taille des bulles tympaniques, longueur relative de la queue, présence d'un tympan accessoire, données chromosomiques...
Ellerman 1941	Afrique+Asie+Arabie	Genre *Gerbillus* avec les sous-genres *Gerbillus* et *Dipodillus*	77 (dont 42 et 35 dans les sous-genres *Gerbillus* et *Dipodillus* respectivement)	Pilosité des soles plantaires, avec présence (*Dipodillus*) ou absence (*Gerbillus*) de coussinets plantaires. Présence de formes intermédiaires

				entre *Dipodillus* et *Gerbillus* (*G. nancillus* et *G. vallinus*, cette dernière correspondant au genre *Gerbillurus*)
Petter 1975b	Afrique	3 genres dont *Dipodillus, Monodia* et *Gerbillus*, ce dernier subdivisé en deux sous-genres, *Gerbillus* et *Hendecapleura*	16 espèces (dont 1 dans *Dipodillus*, 2 dans *Monodia* et 13 dans *Gerbillus*)	Mensurations corporelles et crâniennes, morphologie crânio-dentaire, distribution géographique
Musser et Carleton 2005	Afrique+Asie+Arabie	2 genres, *Dipodillus* et *Gerbillus*, ce dernier subdivisé en deux sous genres, *Gerbillus* et *Hendecapleura*	51 espèces (dont 13 dans *Dipodillus* et 38 dans *Gerbillus*)	Critères de Pavlinov *et al.* (1990) et Petter (1975b)
Granjon	Afrique	Genre *Gerbillus*	36	Taille, longueur

2013		sans subdivisions		de la queue, présence ou non de pinceau terminal à la queue, taille des bulles tympaniques, données chromosomiques
Pavlinov 2008	---	3 voire 4 genres à savoir *Gerbillus*, *Dipodillus*, *Microdillus*, ?*Monodia*		Taille des bulles tympaniques, présence ou non d'un tympan accessoire, morphologie dentaire, forme de la mandibule
Corbet 1978	Afrique+Asie+Arabie	2 genres, *Dipodillus* et *Gerbillus*, ce dernier subdivisé en deux sous-genres, *Gerbillus* et *Hendecapleura*	3 et 16 dans *Dipodillus* et *Gerbillus* respectivement	Pilosité des soles plantaires, couleur du pelage dorsal, taille et longueur de la queue

En nous basant uniquement sur deux références récentes (Musser et Carleton, 2005 ; Granjon, 2013) concernant la taxonomie de ce genre, nous arrivons à un nombre d'espèces « consensus » de 52 espèces de Gerbilles. Quarante-deux (42) espèces ont une répartition exclusivement africaine, parmi lesquelles 27 sont endémiques d'une région géographique limitée (voire d'une localité donnée), tandis que 6 espèces de gerbilles sont typiquement asiatiques, incluant une espèce endémique (Tableau I.2).

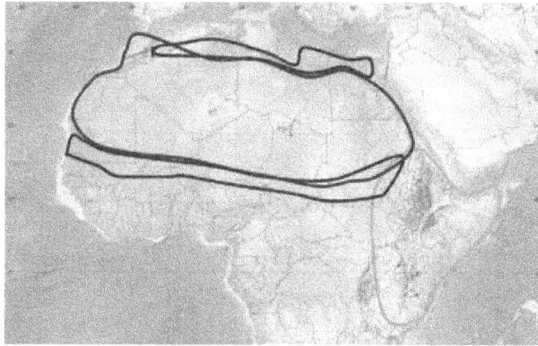

Figure I.3- Répartition du genre *Gerbillus* en Afrique (d'après les informations des différentes contributions dans Happold, 2013). Légende : vert→est-saharien ; bleu→saharien ; violet→périsaharien

Quatre espèces ont une répartition à cheval sur l'Afrique et l'Asie: *G. nanus*, *G. henleyi*, *G. dasyurus* et *G. gerbillus* (Tableau I.2). Quant à l'ensemble des espèces retrouvées en Afrique (N = 46), elles peuvent être regroupées en trois catégories biogéographiques (Figure I.3. et Tableau I.2.) en fonction de leur aire de distribution telle qu'elle est actuellement connue.

Tableau I.2- Liste des espèces du genre *Gerbillus* connues (* espèce endémique c'est-à-dire lorsque l'espèce n'est connue que d'une région ou localité donnée)

Groupe biogéographique	Espèce	Distribution	% Endémisme
Saharien	*G. amoenus* de Winton, 1902	**Africaine**	**64,3**
	*G. andersoni*de Winton, 1902		
	G. campestris Loche, 1867		
	*G. floweri** Thomas, 1919		
	*G. hesperinus**Cabrera, 1936		
	*G. hoogstrali** Lay, 1975		
	*G. lowei**Thomas and Hinton, 1923		
	*G. mackilligini** Thomas, 1904		
	*G. grobbeni**Klaptocz, 1909		
	*G. mauritaniae**Heim de Balsac, 1943		
	*G. muriculus **(Thomas and Hinton, 1923)		
	*G. principulus** Thomas and Hinton, 1923		
	*G. rosalinda** St. Leger, 1929		
	*G. syrticus** Misonne, 1974		
	*G. vivax** Thomas, 1902		
	*G. occiduus** Lay, 1975		
	*G. perpallidus** Setzer, 1958		
	*G. pyramidum*Geoffroy, 1803		
	G. tarabuli Thomas, 1902		
	G. latastei Thomas and Troussart, 1903		
	*G. burtoni** F. Cuvier, 1838		
	*G. dongolanus** Heuglin, 1877		
	*G. garamantis**Lataste, 1881		
	G. nanus Blanford, 1875	**Afro-Asiatique**	
	G. dasyurus Wagner, 1842		

29

	G. gerbillusOlivier, 1801		
Péri-saharien	G. henleyi de Winton, 1903		**20**
	G. nancillus Thomas and Hinton, 1923	**Africaine**	
	G. nigeriae Thomas and Hinton, 1920		
	G. agag Thomas, 1903		
	G. rupicola* Granjon et al., 2002		
	G. maghrebi* Schlitter and Setzer, 1972		
	G. simoni Lataste, 1881		
Est Africain	G. acticola* Thomas, 1918	**Africiane**	**53,8**
	G. bottai* Lataste, 1882		
	G. brockmani* Thomas, 1910		
	G. cosensi Dollman, 1914		
	G. dunni Thomas, 1904		
	G. harwoodi Thomas, 1901		
	G. juliani* (St. Leger, 1935)		
	G. percivali* Dollman, 1914		
	G. pulvinatusRhoads, 1896		
	G. pusillus Peters, 1879		
	G. somalicus* Thoams, 1910		
	G. stygmonix* Heuglin, 1877		
	G. watersi de Winton, 1901		
Asie	G. aquilus Schlitter and Setzer, 1972	**Asiatique**	
	G. cheesmani Thomas, 1919		
	G. famulus* Yerbury and Thomas, 1895		
	G. gleadowi Murray, 1886		
	G. mesopotamiae Harrison, 1956		
	G. poecilops Yerbury and Thomas, 1895		

I.3- Ecologie du genre *Gerbillus*

Les espèces de ce genre sont terrestres et nocturnes, à régime alimentaire principalement granivore (Petter, 1961 ; Shenbrot et Krasnov, 2001 ; Granjon 2013). Elles vivent généralement dans des terriers ou des galeries (Figure I.4) aménagés dans des substrats sableux, indurés voire même dans les anfractuosités de substrats rocheux (Petter, 1961 ; Kingdon, 1974 ; Aulagnier *et al.*, 2008).

Figure I.4- Terriers (a) et substrats préférentiels du genre *Gerbillus* (b: substrat sableux « vif »; c: substrat sableux induré ; d: substrat rocheux).

I.4- Position systématique du genre *Gerbillus*

D'après Musser et Carleton (2005), les Rongeurs (Rodentia Bowdich, 1821) représentent l'ordre le plus important de la classe des Mammifères (5416 espèces), avec 2277 espèces (soit près de 42% des espèces de Mammifères) réparties dans 33 familles et 481 genres (Figure I.5). Parmi ces rongeurs, la famille des Muridae Illiger, 1881 est la mieux représentée avec un total de 150 genres et 730 espèces. Dans cette famille, cinq sous-familles sont reconnues par Musser et Carleton (2005) à savoir les

31

Deomyinae, les Leimacomyinae, les Murinae, les Gerbillinae et les Otomyinae (Figure I.5).

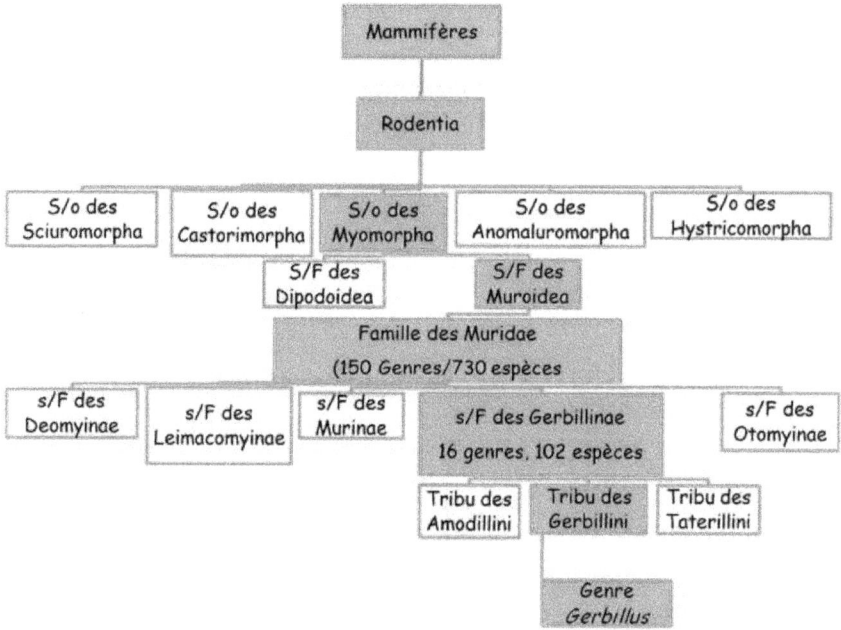

Figure I.5- Position systématique du genre *Gerbillus* (d'après Musser et Carleton, 2005)

Cependant les relations taxonomiques au sein de ces Muridae ont donné lieu à diverses interprétations (Qumsiyeh 1986 ; Jansa et Weksler, 2004 ; Chevret et Dobigny, 2005 ; Musser et Carleton, 2005 ; Pavlinov, 2008 ; Jansa *et al.*, 2009 ; Ito *et al.*,2010 ; voir synthèse dans Granjon et Montgelard, 2012). Dans les classifications les plus récentes, les cinq sous-familles suivantes sont retenues chez les Muridae : Leimacomyinae, Lophyomyinae, Murinae, Deomyinae et Gerbillinae (Figure I.6). Ainsi, le groupe des Otomyinae précédemment considéré comme une sous-famille par Musser et Carleton (2005) est maintenant inclus dans la sous-famille des Murinae tandis que les Lophyomyinae représentent une nouvelle sous-famille monospécifique (*Lophiomys imhausi*) des Muridae (Jansa et Weksler, 2004). Par ailleurs, la sous-famille des Deomyinae (contenant les genres *Acomys*, *Deomys*, *Lophuromys* et *Uranomys*) est aujourd'hui considérée comme le groupe-frère de la sous famille des Gerbillinae décrite ci-après.

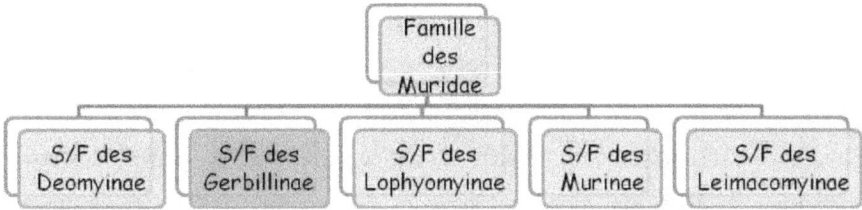

Figure I.6- La systématique de la famille des Muridae d'après Montgelard et Granjon (2013)

I.4.1- La sous-famille des Gerbillinae

Historiquement, deux grands groupes ont été distingués dans cette sous-famille. Petter (1973) donne le ton en évoquant à partir des caractères dentaires « une double tendance évolutive vers le stade *Taterillus* d'une part et vers le stade représenté par l'ensemble des groupes « gerbillus » et « pyramidum» d'autre part » (donc le genre *Gerbillus* sensu lato). A partir de là, Chaline *et al.* (1977) classent les espèces (de ce qu'on considérait alors comme la famille des Gerbillidae) en « Gerbillinae » ou en « Taterillinae » en fonction de leurs bulles tympaniques, selon qu'elles possèdent une partie mastoïdienne aplatie (Taterillinae) ou très enflée (Gerbillinae), et de leurs caractéristiques dentaires (Petter, 1975). Toujours sur la base de critères morpho-anatomiques, Pavlinov (2008) identifie quant à lui trois groupes auxquels il donne le rang de tribus: les Amodillini, les Taterillini et les Gerbillini, les deux derniers correspondant aux deux sous-familles précédemment identifiées par Chaline *et al.* (1977), avec les genres *Taterillus* et *Gerbillus* comme représentants respectifs de ces tribus.

33

Chevret et Dobigny (2005) proposent une autre subdivision basée sur les données moléculaires avec trois tribus : une première (dont le nom reste à définir) qui comprend les genres *Pachyuromys* et *Desmodilliscus*, suivie des Taterini et des Gerbillini. Dans les Taterini, Chevret et Dobigny (2005) rangent trois genres à savoir le genre monospécifique *Tatera* (*T. indica*) et les genres *Desmodillus* et *Gerbilliscus*, ce dernier regroupant les ex-Tatera « africaines » et le genre *Gerbillurus*. A la différence des précédents auteurs, Chevret et Dobigny (2005) suggèrent que les genres *Taterillus* et *Gerbillus* soient inclus dans la même tribu des Gerbillini et que le genre *Gerbillus* soit donc le genre-type de cette tribu. Cette tribu comprendrait un sous-groupe bien soutenu dans les analyses moléculaires avec les genres *Rhombomys*, *Psamommys* et *Meriones*, alors que le genre *Sekeetamys* serait le groupe-frère du genre *Gerbillus*.

Dans la synthèse de Musser et Carleton (2005) prenant en compte les critères morpho-anatomiques mais également les données génétiques disponibles alors, nous retrouvons dans la sous-famille des Gerbillinae 16 genres appartenant aux tribus Ammodillini, Gerbillini et Taterillini tel que décrit ci-dessous :

☐ La tribu des Ammodillini comprendrait le genre monospécifique Ammodillus Thomas, 1904 (*Ammodillus imbelis*), considéré par Pavlinov (1982) comme un groupe primitif proche de Myocricetodon du fait de la présence de tubercules supplémentaires considérés comme des caractères très primitifs. Tong (1989) conclut également que « la structure de l'oreille moyenne d'*Ammodillus* est la plus primitive de toute la sous-famille des Gerbillinae » ce qui en ferait donc le groupe-frère des autres Gerbillinae. Petter (1959) et Chaline *et al.* (1977) pensent que ce genre serait plutôt intermédiaire entre *Gerbillus* et *Meriones*. Petter (1975b), se basant sur la surface d'usure des molaires, propose que ce genre soit plus proche de *Gerbillus* que de *Meriones*.

☐ La tribu des Taterillini inclurerait 4 voire 5 genres (*Desmodillus*, *Tatera*, *Gerbillurus/Gerbilliscus* et *Taterillus*) répartis dans deux sous-tribus (Taterillina et

34

Gerbillurina). La sous-tribu des Gerbillurina renfermerait les genres *Desmodillus* et *Gerbillurus*. *Desmodillus* Thomas et Schwann, 1904 est un genre monospécifique représenté par l'espèce *Desmodillus auricularis* Smith, 1834. De façon générale, l'appartenance de ce genre aux Taterillini semble être en accord avec les données morphologiques et moléculaires (Petter, 1959 ; Pavlinov, 2001 ; 2008 ; Musser et Carleton, 2005 ; Chevret et Dobigny, 2005 ; Ito *et al.*, 2010). Quant à *Gerbillurus* Shortridge, 1942 certains auteurs ont d'abord inclus ses espèces dans le genre *Gerbillus* (Schlitter *et al.*, 1984 ; Ellerman 1941). Par la suite, plusieurs auteurs ont senti la nécessité d'en faire un genre à part entière appartenant aux Taterillinae, puis de le considérer comme un synonyme de *Gerbilliscus*, d'après des données moléculaires, chromosomiques et/ou morphologiques (Qumsiyeh, 1986 ; Chevret et Dobigny, 2005, Colangelo *et al.*, 2007 ; Pavlinov, 2008 ; Ito *et al.*, 2010). Chevret et Dobigny (2005) ont les premiers proposé une révision systématique de ce genre en regroupant les « *Tatera* africaines » et *Gerbillurus* sous le nouveau nom de *Gerbilliscus*, hypothèse confirmée ensuite par Colangelo *et al.* (2007), Volobouev *et al.* (2007) et Granjon *et al.* (2012). La sous-tribu des Taterillina comprendrait alors les genres *Gerbilliscus*, *Tatera* et *Taterillus*. Le genre *Tatera* Lataste 1882, est aujourd'hui monospécifique avec uniquement l'espèce *Tatera indica* (Hardwicke, 1807) d'origine asiatique. Les ex « *Tatera* africaines » ainsi que les espèces du genre *Gerbillurus* constituent donc le genre *Gerbilliscus*, tel que décrit précédemment. Enfin le genre *Taterillus* Thomas, 1910 serait inclus dans cette sous-tribu des Taterillini par Musser et Carleton (2005) alors qu'il appartiendrait plutôt à celle des Gerbillini pour Chevret et Dobigny (2005). Ces incertitudes reflètent une position phylogénétique floue de ce genre : Chevret et Dobigny (2005) suppose qu'il occuperait une position basale, mais à l'intérieur des Gerbillini, tandis que d'après Ito et al (2010), il occuperait plutôt une position intermédiaire entre Taterillini et Gerbillini.

☐ La tribu des Gerbillini renfermerait i) la sous-tribu des Desmodilliscina avec le genre monospécifique *Desmodilliscus* Wettstein, 1916, représenté par l'espèce *Desmodilliscus braueri* Wettstein, 1916; ii) la sous-tribu des Pachyuromina représenté par un genre monospécifique avec l'espèce *Pachyuromys duprasi* Lataste, 1880; iii) la sous-tribu des Rhombomyina, avec selon les auteurs 4 ou 5 genres, dont *Meriones* Illiger 1811, *Brachiones* Thomas 1925, *Psammomys* Cretzschmar 1828, *Rhombomys* Wagner 1841 et *Sekeetamys* Ellerman 1941. Chevret et Dobigny (2005) considèrent le genre *Sekeetamys* comme étant le groupe-frère du genre *Gerbillus* de même que Tong (1989) qui pense qu'il se rapproche plus de *Gerbillus* que de *Meriones*. Les trois genres *Brachiones*, *Psammomys* et *Rhombomys*, régulièrement attribués à ce groupe, sont tous monospécifiques et le clade regroupant ces trois genres est fortement soutenu par les différentes analyses moléculaires effectuées à ce jour concernant les Gerbillinae (Chevret et Dobigny, 2005 ; Ito *et al.*, 2010) ; iv) la sous-tribu des Gerbillina, renfermant le plus grand nombre d'espèces des Gerbillinae, et qui serait composée de 3 (selon Musser et Carleton, 2005) ou 4 (d'après Pavlinov, 2001) genres dont *Monodia* (Heim de Balsac, 1943), *Microdillus* (Thomas, 1910), *Dipodillus* Lataste, 1881 et *Gerbillus* Desmarest, 1804. Le genre *Monodia* ne fait cependant pas l'unanimité du fait du peu d'informations disponible sur ce taxon (Petter, 1975b ; Lay, 1983 ; Pavlinov, 1990 ; Musser et Carleton, 2005). Ceci a poussé plusieurs auteurs à le considérer comme synonyme de *Gerbillus* de par certains critères de ressemblance de la seule espèce concernée, « *M.* (ou *G.*) *mauritaniae* ». De la même manière, peu d'informations sont actuellement disponibles sur le genre monospécifique *Microdillus* (endémique de Somalie), représenté par l'espèce *Microdillus peeli* (de Winton, 1898) (mais voir Petter, 1975 ; Tong, 1986 ; Musser et Carleton, 2005 ; Pavlinov, 2008). Des auteurs comme Petter (1959) tendent à le considérer comme « intermédiaire entre *Monodia* et *Gerbillus* » d'après l'étude des molaires. Les deux derniers représentants de cette sous-tribu (*Dipodillus* et *Gerbillus*) ont fait l'objet de beaucoup de polémiques quant au bien-fondé de leur distinction (Tableau I.2). Leur histoire taxonomique fait même apparaître jusqu'à trois groupes suivant les auteurs à savoir *Gerbillus*, *Dipodillus* et *Hendecapleura* Lataste, 1894. Par exemple, Lataste (1881) distingue *Gerbillus*, *Dipodillus* et *Hendecapleura* comme des sous-genres de *Gerbillus* en fonction de la taille de leurs bulles tympaniques, de la nature de leurs soles plantaires et de la forme de la surface de leur première molaire supérieure. Par contre d'autres auteurs comme Ellerman (1941), Ranck (1968) ou Rosevear (1969) définissent plutôt deux sous-genres selon la pilosité des soles plantaires avec *Gerbillus* (sensu stricto) à soles plantaires poilues et *Dipodillus* à soles plantaires nues. Un troisième groupe d'auteurs représenté principalement par Petter (1975b), Corbet (1978), Pavlinov (1990, 2001) et Musser et Carleton (2005) reconnaissent *Dipodillus* comme un genre à part entière, le genre *Gerbillus* étant alors éventuellement subdivisé en deux sous-genres, *Gerbillus* et *Hendecapleura* (voir Tableau I.1).

Ces divergences taxonomiques sont la conséquence de l'utilisation de différentes approches (morpho-anatomique, cytogénétique ou moléculaire) par les auteurs, d'une part, mais aussi de la difficulté de réunir des échantillons suffisants, provenant de toute l'aire de répartition de ces taxons, pour distinguer sans ambiguïté les différentes espèces de ce genre, comprendre leur schéma d'interrelations phylogénétiques et à partir de là proposer d'éventuelles subdivisions à l'intérieur du genre *Gerbillus* sensu lato.

Dans les analyses phylogénétiques menées au cours de ce travail, divers représentants de la sous-famille des Gerbillinae ont été inclus dans les analyses comme groupes externes au genre *Gerbillus* qui fait l'objet de notre étude, afin de disposer d'un échantillonnage aussi complet que possible de la sous-famille et ainsi d'établir une phylogénie la plus précise possible du genre *Gerbillus*. Pour la suite des analyses, nous avons choisi de ne prendre en compte aucune subdivision a priori dans le genre *Gerbillus* et de considérer *Gerbillus* comme seul nom de genre pour l'ensemble des espèces étudiées ici. Les résultats, déjà publiés ou en voie de publication, concernant la taxonomie de nos échantillons, sont résumés ci-dessous en préambule aux autres chapitres de ce travail.

I.5- Matériel et méthodes

I.5.1- Zone d'étude et échantillonnage

Nous avons pu réunir des prélèvements de 597 individus référables à ce genre, provenant des localités placées sur la carte de la figure I.7. Certains de ces échantillons nous ont été envoyés par divers collaborateurs responsables de différentes collections (Museum National d'Histoire Naturelle de Paris, France ; Académie des Sciences de Brno et Museum d'Histoire Naturelle de Prague, Rép. Tchèque ; Field Museum de Chicago, USA), d'autres ont été collectés à l'occasion de diverses missions de terrain des équipes de l'UMR 022 de l'IRD (CBGP), selon les modalités de piégeage / prélèvement décrites ci-dessous.

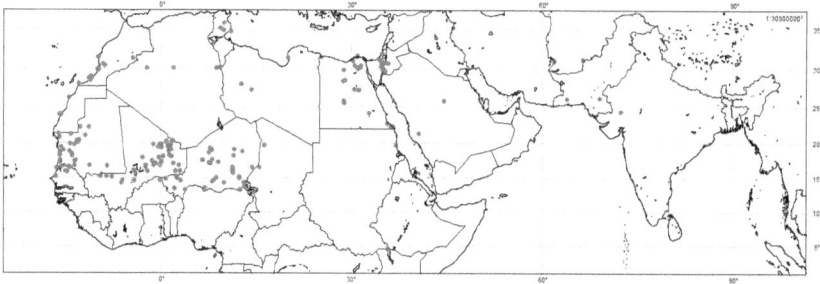

⬤ Individus collectés

Figure I.7- Sites d'origine des échantillons du genre *Gerbillus* étudiés au cours de ce travail

Un premier mode de capture est représenté par le piégeage suivant un protocole standardisé tel que décrit dans Thiam *et al.* (2012). Il s'agit de disposer les pièges (Figure I.8) chaque nuit suivant des lignes (le plus souvent à un intervalle de 10m). Ces pièges, généralement appâtés avec de la pâte d'arachide, sont installés l'après-midi et relevés le matin suivant. Les individus capturés sont alors soit autopsiés sur le terrain, soit ramenés vivants au laboratoire (IRD-CBGP Dakar) en vue de la réalisation de caryotypes.

Figure I.8- Pièges utilisés sur le terrain (à gauche piège grillagé fabriqué localement, à droite piège Sherman (H.B. Sherman Traps, Inc., Tallahassee, FL., USA)).

Du fait que les gerbilles sont des animaux à mode de vie nocturne et pour maximiser les chances de capture, un second mode de piégeage consistant en des sessions de chasse de nuit où la capture se fait à la main (Cosson *et al.* 1997), a également été mis en œuvre sur certains sites.

I.5.2- Identification des spécimens collectés

Une première identification morphologique est effectuée sur le terrain à partir des données de mensurations à savoir le poids (Pds), la longueur Tête + Corps, la longueur de la queue, la longueur de l'oreille et la longueur du pied tels que décrit dans Granjon et Duplantier (2009). L'essentiel de ces données a ensuite été reporté dans la « Base de Données sur les Rongeurs Sahélo-Soudaniens » (BDRSS) hébergée au CBGP (Piry et Le Fur, 2009).

Ensuite, afin de procéder à l'identification non ambiguë de ces individus collectés, plusieurs méthodes ont été utilisées, suivant les principes de la taxonomie intégrative

(Dayrat, 2005). Dans notre cas, trois méthodes ont été privilégiées à savoir l'analyse morphologique, l'analyse cytogénétique et l'analyse moléculaire.

I.5.2.1- Analyse cytogénétique

Des techniques directe et indirecte ont été utilisées afin de déterminer le nombre diploïde (2n), le nombre fondamental d'autosomes (NFa) ainsi que les chromosomes sexuels des individus caryotypés. Les expérimentations ont été menées aux laboratoires de cytogénétique de l'IRD-CBGP à Dakar et à Montpellier.

La technique directe (Evans *et al.*, 1963 ; Figure I.9) consiste à stimuler les divisions cellulaires par injection de levure à l'animal, puis de récupérer 24h après les cellules en division à partir de la moelle osseuse suivant le protocole décrit par Evans et al (1963) et repris en détail dans Ndiaye *et al.* (2013). Par contre la méthode indirecte (Dutrillaux et Couturier, 1981; Figure I.9) nécessite le passage par une culture de cellules (fibroblastes) à partir d'explants prélevés stérilement sur l'animal à l'autopsie (tissu intercostal, fragment de queue ou d'oreille) et mis en culture le plus rapidement possible.

40

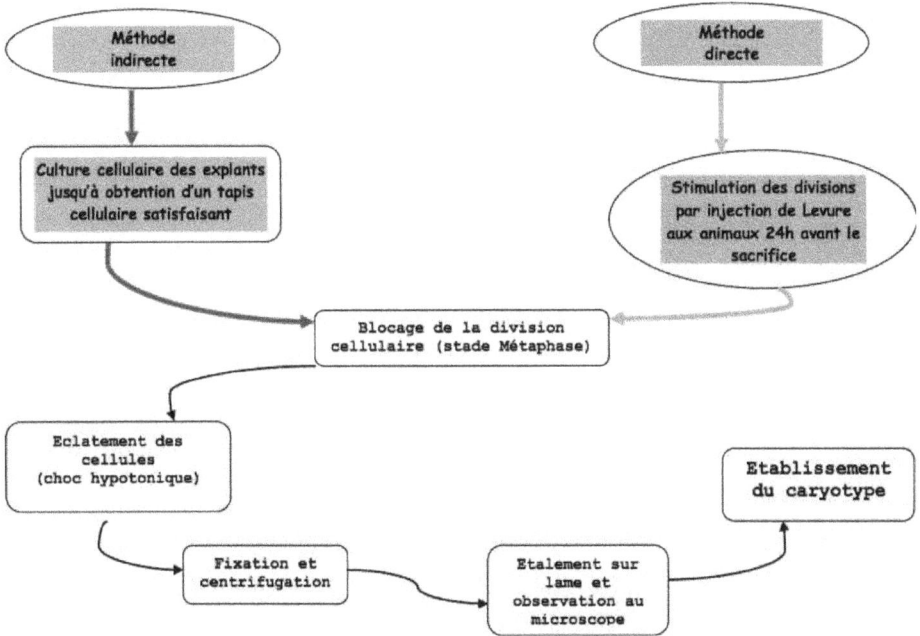

Figure I.9- Les différentes étapes de la multiplication cellulaire et de la récolte des chromosomes

I.5.2.2- Analyse moléculaire

Deux types de prélèvements ont été utilisés pour les analyses moléculaires. Il s'agit d'une part de tissus frais (fragments de pied, bout d'oreille ou organes internes, foie en particulier) prélevés lors de l'autopsie de l'animal et conservés en alcool 95°. D'autre part, nous avons aussi utilisé des tissus (conservés à secs) provenant de collections de musées et dont l'ADN est a priori dégradé. Le prélèvement s'effectue alors en raclant les peaux et/ou éléments squelettiques (crânes en particulier) des individus sélectionnés afin de récupérer tout tissu disponible. Plusieurs étapes se distinguent lors de l'analyse moléculaire à savoir l'extraction de l'ADN, l'amplification du gène-cible par PCR suivi du séquençage.

I.5.2.2.1- Extraction de l'ADN

☐ L'ADN frais a été extrait à l'aide du kit « DNeasy Blood and Tissue » de Qiagen (France) avec tout d'abord une digestion suivie de l'extraction d'ADN proprement dite. La première étape (digestion) consiste en une lyse des tissus à l'aide de tampon ATL (180µl) à laquelle on ajoute 20µl de protéinase K. Les tissus sont préalablement découpés en petits morceaux afin de faciliter cette étape. Par la suite la solution ainsi constituée est vortexée puis mise à incuber au bain-marie ou à l'étuve à 56°C pendant 4-5h. De temps à autre, la solution est homogénéisée. Après lyse complète des tissus, les tubes sont centrifugés à 8000 tours/mn pendant 3 minutes. Le surnageant est récupéré dans les colonnes ADN fournies par le kit Qiagen tandis que les résidus (tels que les poils) sont éliminés.

La deuxième étape concerne l'extraction de l'ADN proprement dite. Il s'agit à partir du surnageant récupéré précédemment d'éliminer les produits de la digestion ainsi que les autres composants cellulaires inutiles (protéines, sels entre autres). Les colonnes utilisées permettent de fixer l'ADN et de le libérer en utilisant des tampons d'élution. L'ADN ainsi extrait est récupéré dans 150µl de tampon d'élution AE puis dosé à l'aide d'un spectrophotomètre Nanodrop 8 afin de déterminer la quantité (en ng/µl) et la pureté (Ratio A260/A280) de l'ADN ainsi extrait. Ensuite la qualité du fragment ainsi extrait est vérifiée en effectuant une migration électrophorétique sur gel d'agarose à 1.5%. Enfin les tubes sont conservés à -20°C jusqu'à l'utilisation.

☐ Dans le cas de tissus provenant de spécimens de collection, l'extraction de l'ADN revêt un caractère très sensible du fait de la rareté et de l'état de cet ADN, d'où la nécessite de prendre quelques précautions telles que i) le port de gants, de blouses, de charlotte et de chaussure en plastique ; ii) le changement de gants après avoir touché le prélèvement d'un spécimen ; iii) le nettoyage (+UV) de toute la salle à savoir le sol, les paillasses, l'étuve, la hotte après chaque série d'extraction (Annexe 1). L'ensemble de ces précautions permet de limiter les causes de contamination possibles. Ensuite nous procédons à la préparation des réactifs puis aux étapes de digestion et d'extraction suivant des protocoles similaires à ceux décrits précédemment mais en utilisant un kit plus adapté (QiaAmp DNA micro kit) et en suivant rigoureusement des consignes visant à optimiser les chances de récupérer l'ADN présent et à réduire ainsi au maximum les risques de contamination.

I.5.2.2.2- Amplification de l'ADN par PCR

Les différentes PCR ont été réalisées sur thermocycleur « Eppendorf Mastercycle Gradient Thermal Cycler ». Durant cette thèse, deux gènes, un nucléaire (Interphotoreceptor Retinoid-Binding Protein, ou IRBP) et un mitochondial (cytochrome b ou cytb) ont été étudiés, ce dernier seulement l'ayant été à partir de tissus frais et dégradés.

☐ Le gène mitochondrial du cytb a nécessité 4 amorces : L14723/H2, L8/H15915, tel que décrit dans Montgelard *et al.* (2002), Veyrunes *et al.* (2005) et Nesi (2007) et présenté à la figure I.10; ceci afin de limiter les problèmes de copies nucléaires qui semblent particulièrement élevés chez les Gerbillinae (Dobigny, 2002).

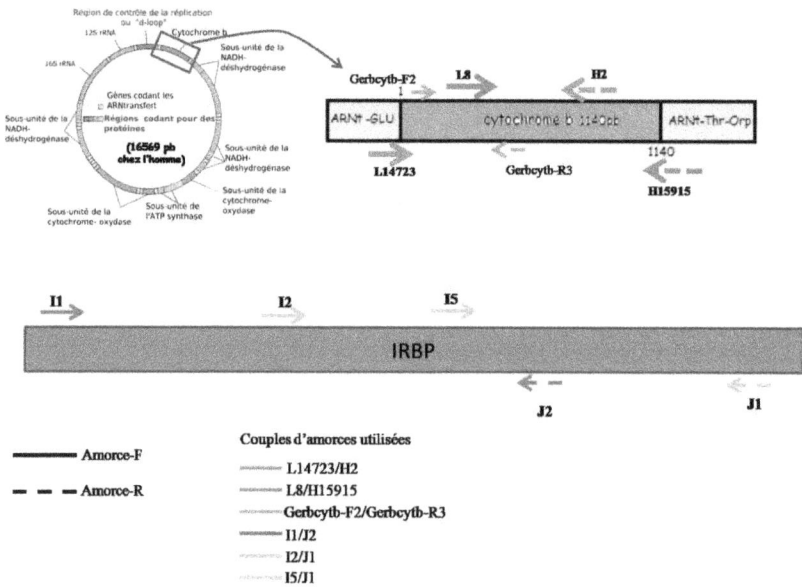

Figure I.10- Position des amorces utilisées pour amplification (en haut)- du cytochrome b (tissus frais et dégradés) ; (en bas)- de l'IRBP

Les séquences des amorces utilisées et les détails qui s'y rapportent sont explicités le tableau I.3 ci-dessous.

Tableau I.3: Amorces utilisées durant cette thèse

Amorce	F ou R	Séquence	gène	Position sur le gène	Référence
L14723	F	ACCAATGACATGAAAAATC ATGGTT	cytb	Dans ARNt-GLU vers cytb	Montgelard et al. (2002)
H2	R	TAGTTGTCTGGGTCTCC		Position 750	Nesi (2007)
L8	F	CTGCCATGAGGACAAATATC ATT		Position 400	Nesi (2007)
H15915	R	TCTCCATTTCTGGTTTACAA GAC		Dans ARNt-Thr-Orp vers cytb	Montgelard et al. (2002)
GERBCYT B-F2	F	GCAAACGGAGCCTCAATATT		Position 250	C. Tatard (données non publiées)

GERBCYT B-R3	R	CATTCTACRATTGTTGGGCC A (R+C)		Position 488	C. Tatard (données non publiées)
I1	F	ATGGCCAAGGTCCTCTTGGA TAACTACTGCTT	IRBP	Position 91	Poux et Douzery (2004)
J2	R	CCACTGCCCTCCCATGTCTG		Position 899	Poux et Douzery (2004)
I2	F	ATCCCCTATGTCATCTCCTA CYTG		Position 521	Poux et Douzery (2004)
J1	R	CGCAGGTCCATGATGAGGT GCTCCGTGTCCTG		Position 1436	Poux et Douzery (2004)
I5	F	GCCCTGGACCTCCAGAAGCT GAGGATMGG		Position 787	Poux et Douzery (2004)

Chaque 25µl de mix préparé contient 13,9 µl d'eau milliQ, 2,5 µl de tampon (à concentration finale 1x et contenant 1,5mM de MgCl2), 0,5µl de MgCl2 (0,5mM ; Qiagen) rajouté en plus afin d'augmenter le rendement de la PCR, 1µl de dNTP (0,1mM), 2,5µl de chaque amorce (1µM), 0,1µl de la Taq polymérase (0,5U ; Qiagen) et 2µl de l'ADN extrait de l'échantillon. Les programmes de PCR utilisés suivent les trois étapes suivantes:

- dénaturation initiale à 94°C pendant 3 min,

- hybridation de 39 cycles à 94°C pendant 45s, 52°C pendant 1 min et 72°C pendant 1 min 30s,

- extension finale à 72°C pendant 10 min.

☐ Concernant l'IRBP, nous avons utilisé trois couples d'amorces: I1 /J2, I2/J1 et I5 /J1 tels que définis par Poux et Douzery (2004), décrit dans la figure I.10 et explicité dans le tableau I.3. Les conditions de mix pour 25µl de mix sont : 16,9µl d'eau milliQ, 2,5µl de tampon (à concentration 1x et contenant 1,5mM de MgCl2), 1µl de dNTP (0,1mM), 1,25µl de chaque amorce (0,5µM), 0,1µl de la Taq polymérase (0,5U ; Qiagen) et 2µl de l'ADN extrait de l'échantillon. Le programme de PCR est décrit comme suit :

- dénaturation initiale à 94°C pendant 3 min,

- 40 cycles d'hybridation à 94°C pendant 30s, 50°C pendant 1min et 72°C pendant 1 min 30s,

- extension finale à 72°C pendant 10 min.

☐ Dans le cas de l'ADN dégradé, la méthodologie reste inchangée avec les mêmes étapes de dénaturation, d'hybridation et d'élongation. Cependant du fait de la dégradation de l'ADN nous avons amplifié un plus court fragment du cytb en utilisant les amorces GERBCYTB-F2 et GERBCYTB-R3 préalablement définies par C. Tatard (Technicienne de Recherche, INRA, CBGP de Montpellier) dans le cadre de tests effectués sur la plateforme ADN rare (février 2012) et qui permettent d'amplifier environ 238pb (Figure I.10, Tableau I.3). Par la suite le mix a été préparé avec un volume réactionnel de 25µl contenant 14,5 µl d'eau Dnase-Rnase free (Qiagen), 2,5 µl de tampon (à concentration 1x), 2µl de MgCl2 (2mM ; Qiagen), 2,5µl de dNTP (250µM), 0,5µl de chaque amorce (5µM), 0,5µl de la Taq « AmpliTaq Gold » (2,5µM ; Qiagen) et deux concentrations (2µl et 1µl) de l'ADN de l'échantillon extrait lors des différentes PCR réalisées. Pour chaque fragment ainsi amplifié (autant le cytb que l'IRBP), nous en avons vérifié la taille et la qualité en effectuant une migration électrophorétique sur gel d'agarose à 1,5% (Figure I.11).

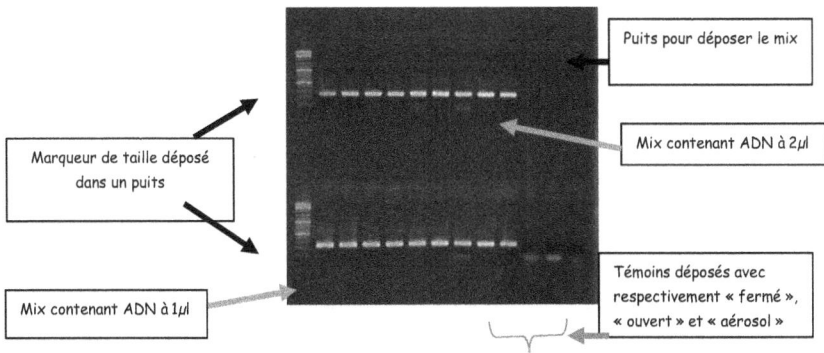

Figure I.11- Exemple de migration électrophorétique après PCR de ADN dégradé à deux concentrations de l'ADN (1 et 2 µl)

Les résultats obtenus à ces deux concentrations d'ADN pour un même individu vont (pour celles qui ont amplifié correctement) être envoyées à séquencer puis les résultats ainsi obtenus seront comparés entre eux afin de vérifier que nous avons amplifié le même fragment de séquence.

Les programmes de PCR utilisés comprennent une étape d'activation à 95°C /10 min suivie de 55 cycles comprenant d'abord une dénaturation à 94°C/30s, une hybridation à 50°C/30s et une élongation à 72°C/45s. La dernière étape consiste en une élongation finale à 72°C/7min. Trois témoins (« extraction », « fermé » et « ouvert ») ont été utilisés afin de vérifier s'il y'a eu contamination au cours des différentes analyses (Annexe 1).

I.5.2.2.3- Séquençage et traitement des données de séquence

Les produits de PCR ont été purifiés et séquencés par Eurofins MWG Operon (France), Genome Express (France). Les séquences ainsi obtenues ont été récupérées sous Seqscape v2.7 (Applied Biosystems) puis corrigées, alignées et vérifiées sous BioEdit v7.1.3.0 (Hall, 1999) et Seaview v4.2.12 (Gouy et al., 2010) afin d'enlever toutes les séquences potentiellement ambiguës. Nous avons testé le meilleur modèle à appliquer à nos matrices à l'aide de jModeltest v3.7 (Posada, 1998) en utilisant le critère d'Aikake (AIC ; Aikake 1973).

Le modèle ainsi retenu a été utilisé pour les analyses de maximum de vraisemblance (ML) et d'inférence bayésienne (IB), tandis qu'un modèle de Kimura-2-parameter (K2P) a été utilisé pour effectuer les analyses de Neighbour-Joining (NJ). Cette dernière méthode a été réalisée sous Seaview v4.2.12 (Gouy *et al.*, 2010) tandis que PhyML v3.1 (Guindon et Gascuel, 2003) et MrBayes v3.1.2 (Huelsenbeck et Ronquist, 2001; Ronquist et Huelsenbeck, 2003) ont été utilisés pour réaliser respectivement les analyses de ML et IB. La méthode du bootstrap (1000 réplicats) a été utilisée en NJ et ML afin de tester la robustesse des différents nœuds. En IB, nous avons effectué les analyses phylogénétiques en utilisant les Chaînes de Markov Monte Carlo (MCMC). Deux analyses de MCMC ont été réalisées de manière indépendante, pour 10.000.000 de générations, avec échantillonnage chaque 100 générations. Par la suite, les premiers 25% des arbres échantillonnés ont été rejetés (burn-in). En IB, les probabilités postérieures ont été utilisées afin de tester de la solidité des nœuds obtenus. Dix-neuf séquences d'autres représentants de la sous-famille des Gerbillinae et quelques séquences de leur groupe-frère (les Deomyinae représentés par les genres *Acomys*, *Deomys*, *Lophyuromys* et *Uranomys*) ont été récupérées de Genbank et ajoutées à nos différents jeux de données, constituant ainsi les outgroups.

I.5.2.3- Analyse morphométrique

En plus des 5 mensurations corporelles classiques mentionnées plus haut (Pds, LTC, LQ, Or, Pp), les crânes d'un certain nombre de spécimens ont été préparés (Figure I.12) puis mesurés à l'aide d'un pied à coulisse (Ndiaye *et al.*, 2012 ; Ndiaye *et al.*, soumis).

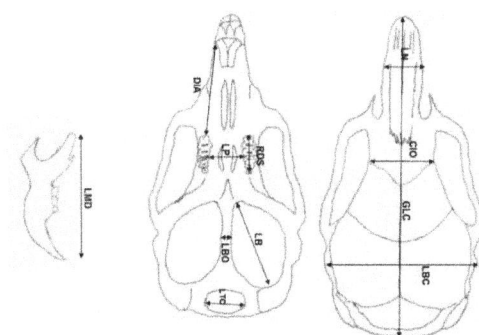

Figure I.12- Mesures prises sur les crânes et mandibules de *Gerbillus*

Onze mensurations crâniennes ont été prises tel que décrit dans Ndiaye *et al.* (2012): longueur totale du crâne (GLC), constriction inter-orbitaire (CIO), largeur de la boîte crânienne (LBC), largeur du trou occipital (LTO), longueur de la rangée dentaire supérieure (RDS), largeur au niveau des naseaux (LN), longueur du diastème (DIA), largeur du palais (LP), longueur des bulles tympaniques (avec chambre mastoide ; LB), largeur entre les bulles au niveau de la partie antérieure du basioccipital à sa jonction avec le basiphénoïde (LBO) et longueur de la mandibule (LMD). Les mesures ainsi obtenues ont été traitées sous R v3.0.0 (2008) : les moyennes et les écarts-types ont été calculés en utilisant le package « stats » ; des comparaisons de moyennes ont été effectuées par des tests de Wilcoxon sur les mensurations corporelles et crâniennes avec le même package « stats ». Des analyses en composantes principales (ACP) et analyses discriminantes (AD) ont été réalisées sur l'ensemble des données non transformées avec le package « ade4 » (Chessel *et al.*, 2004).

I.6- Résultats

I.6.1- Obtention des séquences : Nettoyage et vérification de la matrice

La vérification des séquences obtenues, à différentes étapes des analyses phylogénétiques, nous a permis de supprimer toutes les séquences que nous considérions comme ambiguës. Quatre cas explicités ci-dessous se sont présentés à nous: i) présence de codons stops lors de la traduction de l'ADN en protéine ; ii) présence d'insertions et/ou de délétions le plus souvent désignés sous le terme « indels » détectés après alignement des séquences ; iii) lors de la lecture des séquences, observation de bases différentes d'une séquence -F à une séquence -R d'un même individu ; iv) longueurs de branches étonnamment longues détectées lors des premières reconstructions et signalant la présence potentielle de copies nucléaires encore appelées « Numt » (pour "nuclear mitochondrial DNA"). Ces différents cas, rencontrés lors du nettoyage, de l'alignement et de la vérification des séquences, représentent un total de 96 séquences qui ont donc été supprimées de la suite des analyses, nous permettant ainsi de nous assurer d'avoir des matrices « correctes ».

I.6.2- Taxonomie des spécimens de notre échantillonnage

I.6.2.1- Espèces identifiées

Un total 501 individus appartenant à 23 espèces constituent notre échantillon de base (Tableau I.4), parmi lesquels 324 ont été nouvellement obtenus (voir détails en annexe 2).

Dans cet échantillon, nous avons obtenu les séquences de 480 individus, le caryotype de 93 a été établi et les crânes de 112 individus ont été mesurés en vue d'analyses statistiques (Tableau I.5). Les nombres d'individus utilisés en combinant les différentes méthodes décrites précédemment sont également mentionnés dans le tableau I.5.

Tableau I.4- Espèces présentes dans l'ensemble de notre échantillonnage (K*= spécimens caryotypés ; M*= spécimens mesurés)

Espèces identifiées	N	Cyt b	IRBP	K*	M*	Références
Gerbillus amoenus	59	59	3	20		Chevret et Dobigny, 2005 (1); P. Chevret (N.P.; 1); Ndiaye *et al.*, 2013 (12), ADN rare (6); cette étude (49)
Gerbillus andersoni	9	9	3	1		ADN rare (5), cette étude (3), P. Chevret (N.P.; 1)
Gerbillus campestris	14	8		3	6	Aiadh *et al.*, 2010 (1); Ndiaye *et al.*, 2012 (3); Nicolas *et al.*, soumis (6); P. Chevret (N.P., 4)
Gerbillus cheesmani	3	3	2			P. Chevret (N.P., 1); cette étude (2)
Gerbillus dasyurus	2	2	2			P. Chevret (N.P., 2)
Gerbillus floweri	1	1	1			cette étude (1); ADN rare (?)
Gerbillus gerbillus	72	72	9	2	11	Chevret et Dobigny, 2005 (1); N. Nesi, 2007 (31); Abiadh *et al.*, 2010 (1); Ndiaye *et al.*, 2012 (11) ; ADN rare (4); cette étude (22), P. Chevret (N.P., 2)
Gerbillus henleyi	23	23	7	5	14	Ndiaye *et al.*, soumis (16); C. Tatard (N.P., 4); P. Chevret (N.P., 1); cette étude (2)
Gerbillus hesperinus	1	1		1		P. Chevret (N.P., 1)
Gerbillus hoogstrali	10	9	2	1	9	Ndiaye *et al.*, 2012 (10)
Gerbillus latastei	2	2	1	1		Abiadh *et al.*, 2010 (1); P. Chevret (N.P., 1)

Gerbillus nancillus	43	43	1	19	24	Ndiaye *et al.*, soumis (43)
Gerbillus nanus	13	13	7	2		Ndiaye *et al.*, 2012 (1); ADN rare (6); P. Chevret (N.P., 1), cette étude (5)
Gerbillus nigeriae	9	9	7	5		Thiam, 2007 (6); P. Chevret (N.P., 2); cette étude (1)
Gerbillus occiduus	33	31	3	19	30	Ndiaye *et al.*, 2012 (30); P. Chevret (N.P., 1); A. Konecny (2)
Gerbillus pyramidum	65	65	6	1		ADN rare (19); N. Nesi, 2007 (28); P. Chevret (N.P., 2); cette étude (16)
Gerbillus perpallidus	6	6				ADN rare (5); P. Chevret (N.P., 1)
Gerbillus poecilops	1	1				P. Chevret (N.P., 1)
Gerbillus rupicola	1	1		1		P. Chevret (N.P., 1)
Gerbillus simoni	3	3	2	1		P. Chevret (N.P., 2); Abiadh *et al.*, 2010 (1)
Gerbillus tarabuli	107	106	6	3	10	N. Nesi, 2007 (73); Abiadh *et al.*, 2010 (1); Ndiaye *et al.*, 2012 (30); A. Konecny (1)
Gerbillus sp1	11	11	2		11	Ndiaye *et al.*, 2012 (11)
Gerbillus sp2	13	13	1			cette étude (13)

Tableau I.5- Individus étudiés suivant les différentes méthodes utilisées

Analyse effectuée	Nombre d'individus	Méthodes combinées	Nombre d'individus
Séquences obtenues	480	Séquençage+morphométrie+cytogénétique	37
Individus mesurés	112	Séquençage+cytogénétique	53
Individus caryotypés	93	Séquençage+morphométrie	56
		Morphométrie+cytogénétique	1

I.6.2.2- Résolution d'un complexe d'espèces provenant du Maroc (Ndiaye *et al.*, 2012, voir Annexe 4)

Soixante-huit individus provenant du Maroc le long de la côte atlantique (Essaouira au Nord à Dakhla au Sud) ont été obtenus (Figure I.13).

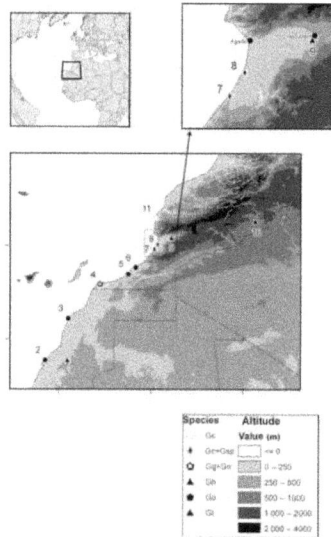

Figure I.13- Répartition des individus capturés au Maroc

L'identification de ces individus s'est basée sur les trois méthodes décrites ci-dessus et a permis de distinguer dans cet échantillon 6 espèces. Les résultats obtenus, largement congruents entre eux (Figure I.14), ont permis d'identifier *G. gerbillus*, *G. campestris*, *G. tarabuli*, *G. occiduus*, *G. hoogstrali* et une espèce qui nous est encore inconnue et nommée ici *Gerbillus* sp1. En effet, cette dernière, préliminairement identifiée comme *G. hoogstrali*, s'en retrouve nettement différenciée par d'une part les reconstructions phylogénétiques et dans une moindre mesure l'analyse morphologique qui montrent bien deux espèces distinctes. Cependant, le caryotype n'a pu être obtenu que pour *G. hoogstrali* qui présente un 2n = 72 et un NFa = 84.

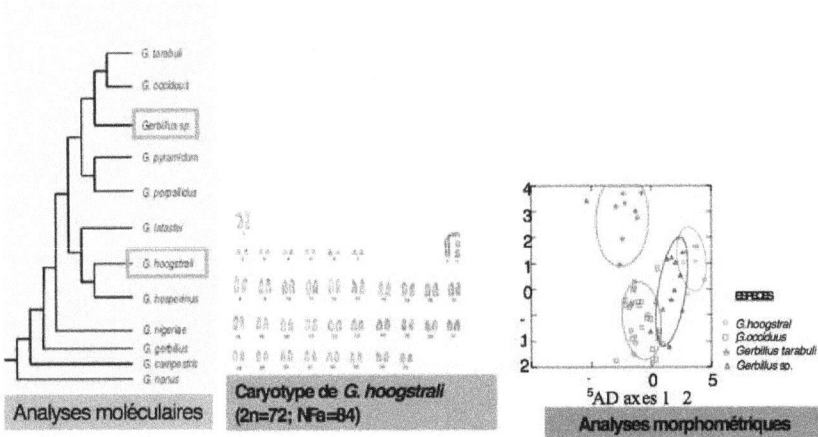

Figure I.14- Résultat des analyses combinées de spécimens provenant du Maroc

I.6.2.3- Caractérisation de *Gerbillus nancillus* (Ndiaye *et al.* soumis, voir Annexe 4)

Quatre-vingt spécimens de petites gerbilles provenant de 3 pays de la zone sahélienne (Mali, Niger et Sénégal) ont pu être réunis. L'identification de ces individus s'est basée sur les trois méthodes précédemment décrites. Parmi ces individus, 28 ont pu être caryotypés dont 16 représentent de nouvelles données (Ndiaye et al soumis). Sept individus présentent un 2n = 52 et un NFa variant entre 59 et 62, ce qui correspond à l'espèce *G.* henleyi, tandis que les 21 autres individus possèdent un 2n = 56 et un NFa = 54 caractéristiques de *G. nancillus*. Par ailleurs, 62 spécimens ont été séquencés et 56 mesurés. Les résultats des différentes analyses effectuées sont présentés ci-dessous (Figure I.15) et montrent bien la présence de deux petites gerbilles correspondant respectivement à *G. nancillus* (2n=56) et à *G. henleyi* (2n=52).

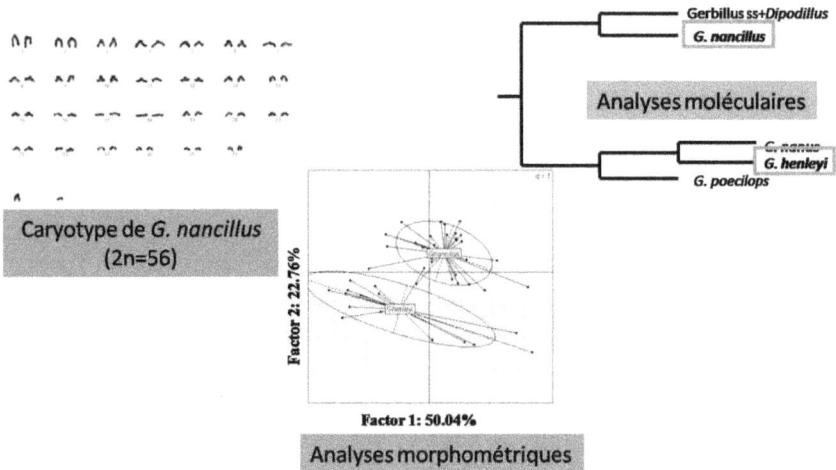

Figure I.15- Taxonomie de petits spécimens de *Gerbillus* sahéliennes

Les résultats sont congruents entre eux et distinguent nettement ces deux espèces souvent confondues sur le terrain de par leur petite taille. En plus des différences génétiques (distance moléculaire K2P de 0,164 ± 0,012 et caryotypes bien différenciés), l'analyse morphologique discrimine relativement bien ces deux groupes (seulement 2 individus mal classés par l'ACP réalisée sur les mensurations corporelles). De plus, les analyses statistiques effectuées ont permis de mettre en évidence des différences significatives entre certaines des variables, pour lesquelles *G. henleyi* apparaît plus grande que *G. nancillus*. Au niveau des mensurations corporelles, seule la LTC n'est pas significativement différente entre adultes des 2 espèces (p = 0,362) tandis qu'au niveau des mensurations crâniennes, des variables telles que LBC (p = 5,15.10^{-6}) et LB (p = 4,65.10^{-5}) sont très significativement différentes, ainsi que dans une moindre mesure LMD et GLC (p = 0,026 et p = 0,002, respectivement). Cette étude a permis de démontrer pour la première fois la présence de *G. nancillus* au Sénégal (Ndiaye *et al.*, soumis).

I.6.2.4- Taxonomie de *Gerbillus nanus* (Ndiaye *et al.*, 2013, voir Annexe 4)

Une matrice a été constituée à partir de séquences de cytb (1140pb) de 14 individus initialement identifiées comme appartenant à *G. nanus*. Parmi ces 14 individus, le caryotype de 6 individus a pu être obtenu et présente pour chacun de ces individus un 2n=52 et un NFa=58. L'analyse phylogénétique effectuée a montré la présence de deux sous-clades monophylétiques (Figure I.16), bien soutenus. Le premier sous-clade ne contient que des spécimens d'origine africaine (Mali, Mauritanie et Libye) tandis que le second ne comprend que des individus d'origine asiatique (Israël, Pakistan). La distance génétique (K2P) entre ces deux sous-clades est de 0,065.

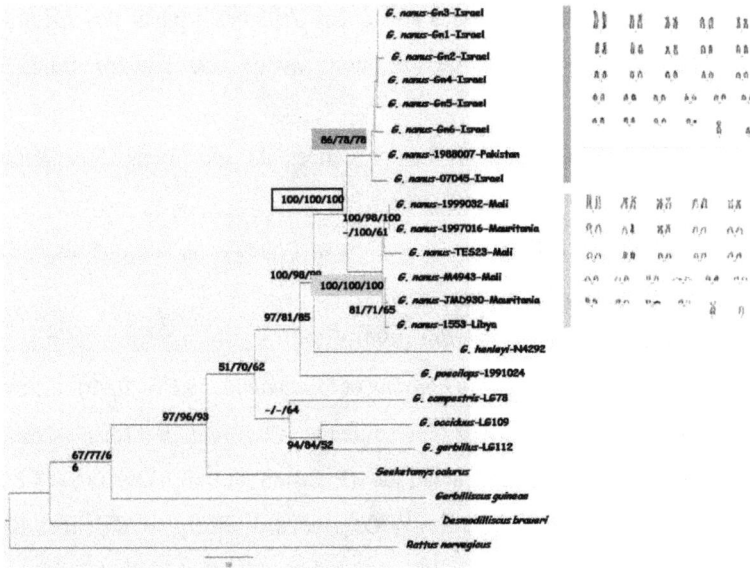

Figure I.16- Taxonomie de quelques spécimens appartenant à *G. nanus*/*G. amoenus*

I.6.2.5- Taxonomie de spécimens de collection du genre *Gerbillus* à partir de l'analyse moléculaire d'ADN dégradé

Sur les 45 échantillons reçus des collections du Field Museum of Natural History de Chicago (fragments de tissus secs récoltés sur peaux et éléments squelettiques de gerbilles d'Egypte et d'Asie), l'ADN d'un seul n'a pu être amplifié. A partir d'ADN amplifiés à 2 concentrations différentes, les résultats ont montré que les séquences obtenues étaient identiques pour tous les individus sauf 7 d'entre eux, pour lesquels la présence de copies nucléaires a été suspectée (séquences présentant une voire deux bases différentes). Au final, les séquences de 37 individus ont pu être réunies dans une matrice finale.

Cette matrice comprend donc 37 séquences d'une portion du cytb de 236pb. A cet ensemble, nous avons rajouté *Sekeetamys calurus* considéré comme l'espèce la plus proche du genre *Gerbillus* et 40 individus de différentes espèces du genre *Gerbillus* afin de procéder à l'identification des séquences obtenues à partir des spécimens de collection. Au total pour cette section, nous avons une matrice finale de 78 séquences.

Après traitements phylogénétiques, les séquences de spécimens de collection se répartissent en 4 clades principaux (Figure I.17):

- le premier correspond à l'espèce *G. andersoni* (valeurs de support de 99/98/0,96 pour respectivement NJ, ML et IB.)

- le deuxième correspond à *G. gerbillus* (99/97/1)

- le troisième renferme les espèces *G. nanus* et *G. amoenus* (92/94/0,99). Ce clade est subdivisé en deux sous-clades assez bien soutenus avec d'une part tous les spécimens référables à *G. nanus* d'origine asiatique (Pakistan et Afghanistan ; 74/82/1) et d'autre part, les spécimens référables à *G. amoenus* d'origine africaine (Egypte, Niger, Mauritanie ; 81/96/1), soit un schéma analogue à celui décrit précédemment à partir de prélèvements « frais » et publié dans Ndiaye *et al.* (2013).

- le quatrième comprend les spécimens référables à *G. perpallidus* et aux quatre sous-espèces de *G. pyramidum* représentées ici (*G. pyramidum pyramidum*, *G. pyramidum gedeedus*, *G. pyramidum floweri* et *G. pyramidum elbaensis*). Ce clade soutenu à 81/66/0,89 pour respectivement NJ, ML et IB (distance génétique K2P entre ces deux clades est de 0.01). Il est subdivisé en deux sous-clades avec d'une part un premier sous-clade (soutenu à 41/78/0,72) constitué de *G. perpallidus* et de *G. pyramidum floweri* (distance K2P moyenne intragroupe = 0,002). Ce sous clade est groupe-frère d'un second sous-clade comprenant uniquement les trois autres sous-espèces de *G. pyramidum* (soit *G. pyramidum pyramidum*, *G. pyramidum gedeedus* et *G. pyramidum elbaensis*) et soutenu à 58/60/0,74. Ce sous-clade « *G. pyramidum* » présente une distance K2P moyenne intragroupe = 0,002.

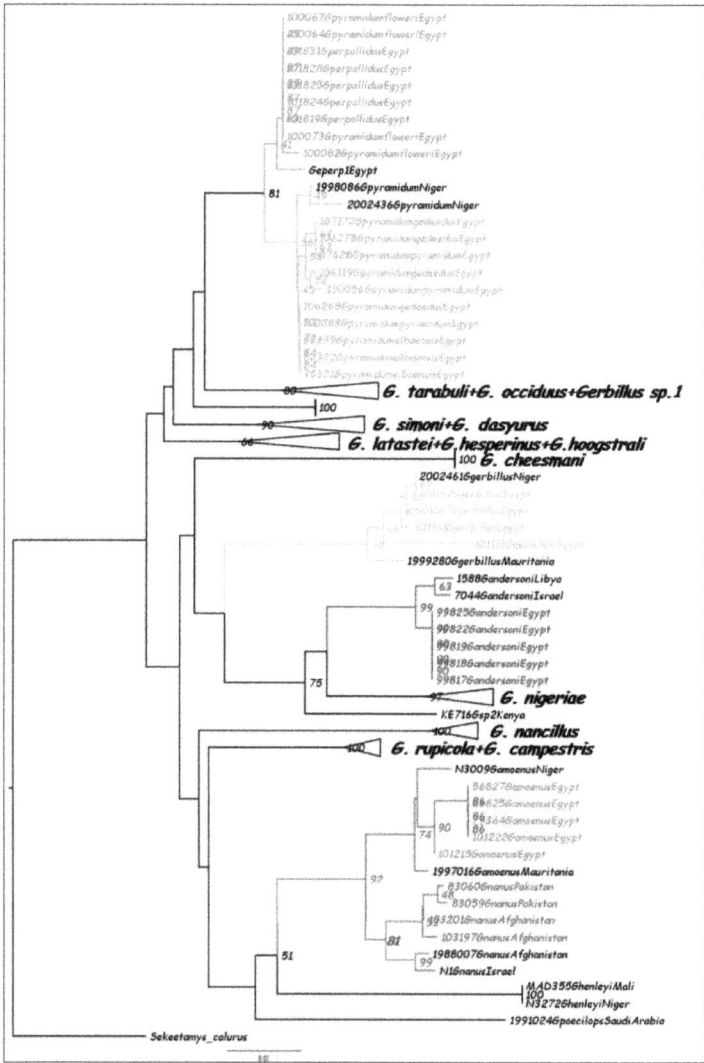

Figure I.17- Arbre obtenu par la méthode du NJ pour les spécimens de collection

I.7- Discussion

I.7.1- Apport de la taxonomie intégrative

En amont des questions de phylogénie et phylogéographie abordées par ailleurs dans ce travail, nous avons été amenés à caractériser un certain nombre d'espèces de Gerbilles par une utilisation conjointe de différentes méthodes. Cette procédure utilisée depuis quelques temps maintenant (voir références dans Ndiaye *et al.*, 2012) mais formalisée depuis peu sous le label « taxonomie intégrative » (Dayrat, 2005 ; Padial *et al.*, 2009) est basée sur plusieurs principes parmi lesquels la multidisciplinarité : Comme mentionné par Dayrat (2005 : 409), «...la complexité de la biologie des espèces nécessite que les limites entre espèces soient étudiées à partir de perspectives multiples et complémentaires », celles-ci pouvant se baser sur plusieurs types de caractères (biochimiques, biogéographiques, écologiques, comportementaux, moléculaires et morphologiques, entre autres). De façon générale, les caractères morphologiques et moléculaires sont les plus utilisées et leur congruence permet souvent de délimiter les frontières entre espèces (Dobigny *et al.*, 2003 ; Colangelo *et al.*, 2007 ; Ndiaye *et al.*, 2012 ; 2013). Dans notre cas, les résultats précédemment décrits ont été essentiellement obtenus suivant l'utilisation combinée de trois méthodes différentes à savoir l'analyse morphologique, cytogénétique et moléculaire. Ces différentes méthodes nous ont dès lors permis d'identifier l'ensemble des individus étudiés et de les assigner ainsi à une des espèces listées dans le Tableau I.4. Cette combinaison de méthode a permis entre autres d'éviter les biais liés à l'analyse morphologique qui seule n'aurait certainement pas permis d'identifier tous nos individus du fait :

- de la difficulté/ambiguïté d'utilisation de certains caractères de morphologie corporelle ou crânienne supposés diagnostiques entre espèces

- des zones de recouvrement présentes entre les nuages de points obtenus avec les analyses multivariées (voir ACP sur les figures I.14 par exemple)

- de mauvais classements d'individus particuliers dus à leur âge et/ou à une taille « aberrante » (Figure I.15).

Toutefois, les observations et analyses morphologiques/morphométriques sur des échantillons préalablement étudiés par les méthodes cytogénétique et/ou moléculaire se sont révélées très utiles, en confirmant ou en mettant en évidence des caractéristiques (qualitatives ou quantitatives) propres à des taxons diagnosés de façon non ambiguë : c'est le cas de caractères propres à *G. occiduus* vs *G. hoogstrali*, proposés par Lay (1975) au moment de la description de ces espèces (Ndiaye *et al.*, 2012) ou de mensurations corporelles ou crâniennes discriminantes entre *G. nancillus* et *G. henleyi* (Ndiaye *et al.*, soumis).

En revanche, les données chromosomiques obtenues se sont révélées peu ambiguës, comme c'est généralement le cas chez les Gerbillinae où chaque espèce possède le plus souvent son propre caryotype, résultat d'une évolution chromosomique généralement considérée comme très active (Viegas-Pequignot *et al.*, 1982 ; Dobigny *et al.*, 2005 ; Aniskin *et al.*, 2006 ; Volobouev *et al.*, 2007). Nous avons ainsi pu établir le caryotype de 9 espèces, dont le nombre diploïde (2n) et le nombre fondamental d'autosomes (NFa) sont apparus identiques à ceux décrits précédemment par divers auteurs (Matthey, 1954 ; Wahrman et Zahavi, 1955 ; Lay, 1975; Lay *et al.*, 1975; Viegas-Pequignot *et al.*, 1982; Qumsiyeh et Schlitter, 1991 ; Dobigny *et al.*, 2001 ; Aniskin *et al.*, 2006). Il s'agit de *G. andersoni* (2n = 40; NFa = 76) ; *G. gerbillus* (2n = 42/43 ; NFa = 74) ; *G. henleyi* (2n = 52 ; NFa = 59-62) ; *G. hoogstrali* (2n = 72 ; NFa = 84) ; *G. amoenus* / *G. nanus* ; 2n = 52 ; NFa = 58) ; *G. nancillus* (2n = 56, NFa = 54) ; *G. occiduus* (2n = 40; NFa = 76) ; *G. pyramidum* (2n = 38 ; NFa = 72) et *G. tarabuli* (2n = 40; NFa = 74). Le caryotype de *Gerbillus* sp.1 (du Maroc), par ailleurs identifié conjointement par les analyses moléculaire et morphologique, n'a cependant pas pu être établi. Nous remarquons que certaines de ces espèces présentent le même nombre diploïde telles que *G. tarabuli*, *G. occiduus* et *G. andersoni* (2n = 40) d'une part, ou *G. henleyi* et *G. nanus* (2n = 52) d'autre part.

Cependant le NFa de ces individus ainsi que la forme et la taille de leurs différents chromosomes (dont les chromosomes sexuels) permettent de les identifier sans ambiguïté, en se référant en particulier aux informations et illustrations fournies par Lay *et al.* (1975), Volobouev *et al.* (1995) et Aniskin *et al.* (2006). Le seul cas où l'interprétation de ces données chromosomiques peut finalement être considérée comme ambigüe parmi ceux que nous avons eu à étudier est celui de *G. amoenus* vs *G. nanus* : ces deux espèces jumelles semblent en effet avoir des caryotypes très similaires voire identiques, avec 2n = 52 et NFa = 58 (Ndiaye *et al.*, 2013). La situation opposée à ce conservatisme chromosomique apparemment très rare dans le genre *Gerbillus* correspond à des cas de polymorphisme, où des individus de la même espèce présentent des caryotypes assez différents (cas de *G. nigeriae*, Volobouev *et al.*, 1988, Hima *et al.*, 2011).

Par ailleurs, les données moléculaires sont de plus en plus utilisées en taxonomie (voir Granjon et Montgelard, 2012 et références incluses) et peuvent être utiles pour délimiter des espèces, en se basant sur les valeurs de support (bootstrap, probabilités postérieures...) retrouvées aux différents nœuds, ainsi que les valeurs de distance génétique calculées entre clades. Ainsi des espèces comme *G. nancillus* et *G. henleyi*, présentant des caryotypes distincts (2n = 56 et 2n = 52, respectivement) mais pouvant être confondues de par leur petite taille, se retrouvent-elles nettement distinguées par l'analyse moléculaire (distance génétique K2P = 0,164 ; Ndiaye *et al.*, soumis).

Parmi les gerbilles de « grandes tailles », les analyses moléculaires effectuées sur un ensemble supposé a priori constitué de spécimens de *G. hoogstrali*, *G. occiduus* et *G. tarabuli* a permis de mettre en évidence une quatrième espèce nommée ici *Gerbillus* sp1 (provenant du Maroc). Initialement considérés comme appartenant à *G. hoogstrali*, les spécimens en question se sont révélés constituer un clade génétique bien différencié (Pp = 1, distance génétique K2P > 0,04 avec les espèces les plus proches), mais un « morpho-groupe » montrant un certain recouvrement avec, en particulier, *G. hoogstrali* (traitements multivariés de mensurations crâniennes, voir

Fig.I.14 et Ndiaye *et al.*, 2012). De la même manière l'analyse moléculaire effectuée a permis de bien différencier *G. occiduus* de *G. tarabuli* qui apparaissent comme deux espèces-sœurs, chromosomiquement bien différenciées malgré la possession d'un nombre diploïde commun de 2n = 40 chromosomes (Aniskin *et al.*, 2006), mais avec une distance génétique très faible entre elle (distance K2P < 0,02) témoignant d'une différenciation très récente, puisqu'estimée à à peine plus de 400.000 ans (Ndiaye *et al.*, 2012). De façon intéressante, et malgré le caractère très récent de leur séparation, ces deux espèces présentent déjà une différenciation morphologique assez nette du point de vue de leurs mensurations crâniennes (voir Fig. I.14 et Ndiaye *et al.*, 2012).

Dans le cas de l'espèce *G. nanus* sensu lato, les données moléculaires ont montré l'existence de deux sous-clades de distributions géographiques bien distinctes, et génétiquement assez bien différenciés (distance génétique K2P moyenne entre ces deux sous-clades = 0,065 ; Ndiaye *et al.*, 2013), justifiant de la distinction entre *G. nanus* (asiatique) et *G. amoenus* (africaine). De la même manière, l'étude moléculaire de divers spécimens de collections a permis de faire de nouvelles propositions quant à la nomenclature de quelques taxons alternativement mis en synonymie ou considérées comme distincts par l'analyse taxonomique traditionnelle. Nous avons ainsi retrouvé au sein d'un même clade bien soutenu des spécimens supposés appartenir à l'espèce *G. perpallidus* et à la sous-espèce *G. pyramidum floweri*, tandis qu'un clade-frère renfermait des spécimens diagnosés comme appartenant à trois autres sous-espèces de *G. pyramidum* (*G. p. elbaensis*, *G. p. gedeedus* et *G. p. pyramidum*). De façon notable, certains des résultats ainsi obtenus dans ce groupe de taxons se sont trouvés rejoindre des observations morphologiques réalisées au moment de l'étude de cette collections, sans que ces informations aient alors été traduites dans la nomenclature (Osborn et Helmy, 1980).

Il apparaît donc que les données cytogénétiques et moléculaires apportent de nouvelles informations sur les taxons étudiées, en complément des informations morpho-anatomiques disponibles. La combinaison de ces différentes méthodes nous a permis d'obtenir des résultats solides, congruents entre eux concernant différentes espèces que nous avons rencontrées dans notre échantillonnage, ce qui va nous permettre de définir de manière plus exacte la taxonomie des quelques-unes de ces espèces, avant de les intégrer à nos analyses phylogénétiques et phylogéographiques.

I.7.2- Implications taxonomiques

I.7.2.1- Nouvelle espèce au Maroc : cas de *Gerbillus* sp1.

La lignée ici identifiée sous le nom *Gerbillus* sp1 est retrouvée aussi bien dans les analyses morphologiques (malgré un certain recouvrement avec les espèces G. *hoogstrali* et G. *occiduus*) que (surtout) dans les analyses moléculaires où elle représente un clade très bien soutenu et nettement distinct de l'ensemble G. *hoogstrali* / G. *occiduus* dont elle est proche morphologiquement. Malgré le fait qu'aucune information chromosomique n'a pu être obtenue pour l'instant pour ces spécimens, les données morphologiques et moléculaires obtenues et leur intégration à l'ensemble des données similaires disponibles ou acquises sur les espèces proches parentes connues dans la région nous permettent d'affirmer la présence d'une nouvelle espèce de Gerbille au Maroc. Les spécimens concernés ont initialement été considérés comme appartenant à l'espèce G. *hoogstrali* du fait qu'ils provenaient de la même zone de distribution (plaine côtière entre Haut-Atlas et Anti-Atlas au sud de la vallée de l'oued Souss; voir Aulagnier et Thévenot, 1986; Zyadi, 1988; Musser et Carleton, 2005 ; Ndiaye *et al.*, 2012) et que leur morphologie externe était très similaire. Toutefois, les résultats moléculaires ont clairement montré qu'ils constituaient un ensemble génétique nettement différencié de G. *hoogstrali* (distance génétique K2P = 0,096). Quant à leur ressemblance morphologique, elle peut être interprétée comme un cas de convergence/conservatisme morpho-anatomiques comme déjà rencontré chez les petits mammifères pour des taxons sympatriques subissant l'influence de facteurs sélectifs similaires (Fadda et Corti, 2001; Rychlik *et al.*, 2006). Ainsi donc au Maroc, précisément dans la zone sableuse de la vallée du Souss située entre les chaînes du Haut et de l'anti-Atlas, nous retrouvons deux espèces, a priori endémiques de cette petite région, à savoir *G. hoogstrali* et *Gerbillus* sp.1. Aucun nom ne semblant disponible pour une nouvelle espèce de gerbille dans cette région, cette espèce devra être décrite sous un nouveau nom. L'obtention du caryotype de *Gerbillus* sp.1 devrait permettre de mieux caractériser cette nouvelle espèce, et nous paraît un préalable nécessaire à cette description.

I.7.2.2-Taxonomie de *G. nanus* sensu lato

Dans le cas de *G. nanus*, la mise en évidence de deux sous-clades bien soutenus et avec une distance génétique K2P de 0,065 (Ndiaye *et al.*, 2013) constituait un résultat surprenant surtout après avoir mis en évidence des distances génétiques deux à trois fois plus faibles entre espèces caractérisées du même genre (Ndiaye *et al.*, 2012 : distance K2P = 0,018 entre *G. tarabuli* et *G. occiduus* ou 0,031 entre *G. perpallidus* et *G. pyramidum*, par exemple). Des résultats similaires ont été obtenus à partir de séquences plus courtes du cyt b de spécimens de collections où les données moléculaires soutiennent également fortement deux sous-clades présentant une distance K2P de 0,025. Cette distance génétique deux fois moins importante s'explique certainement par l'origine des échantillons qui proviennent uniquement d'Egypte dans le cas des spécimens de collections tandis que la distance de 0,065 présentée plus haut a étéobtenue à partir d'échantillons provenant de plusieurs localités d'Afrique de l'Ouest. Dans tous les cas, cette différenciation concerne d'une part des spécimens originaires d'Afrique et d'autre part des spécimens originaires d'Asie. En revanche, les données chromosomiques pour ces deux sous-clades montrent des caryotypes similaires à 2n = 52 et un NFa = 58. Dans ce cas, c'est donc la conjonction de données moléculaires (distance génétique relativement forte entre clades fortement soutenus) et biogéographiques (distributions apparemment allopatriques de ces clades) qui constitue un bon argumentaire pour faire de ces deux sous-clades deux bonnes espèces. Ici, et comme rarement observé dans le genre *Gerbillus* (Aniskin *et al.*, 2006 ; Ndiaye *et al.*, 2012), la divergence génétique observée entre ces deux clades ne s'accompagne pas d'un changement chromosomique, tout au moins au niveau de résolution disponible (coloration standard). Ainsi, les spécimens originaires d'Asie correspondraient au véritable *G. nanus* (l'holotype de l'espèce étant du Pakistan) tandis que les spécimens africains devraient être appelés *G. amoenus* (décrite d'Egypte en 1902) tel que suggéré par Setzer (1958), Ranck (1968), Osborn et Helmy (1980) et Aulagnier *et al.* (2008), ou *G. garamantis* (à 2n = 54 d'aprèsMatthey en 1954) décrite par Lataste en 1881, connue uniquement d'Algérie, et considérée comme valide par Kowalski et Rzebik-Kowalska (1991) et Grimmberger et Rudloff (2009). A partir de là, deux hypothèses s'offrent à nous quant à la dénomination de ce sous-clade africain : Les deux formules chromosomiques rencontrées (2n = 54 pour *G. garamantis*, 2n = 52 pour *G. amoenus*) peuvent représenter un cas de polymorphisme chromosomique intraspécifique dans la sous-région, auquel cas le nom correct pour ces spécimens d'Afrique serait *G. garamantis*, selon la règle d'antériorité. L'alternative serait qu'elles correspondraient en réalité à deux espèces bien valides, différenciées chromosomiquement, avec (sous réserve de nouvelles données) *G. garamantis* (2n = 54) endémique d'Algérie et *G. amoenus* (2n = 52) plus largement répandue dans toute l'Afrique du Nord avec des individus présentant ce même nombre diploïde retrouvé au Mali (Dobigny *et al.*, 2001) en Mauritanie (Bonnet 1997) ou encore au Niger (Dobigny *et al.*, 2002). Cette dernière option a été retenue provisoirement, et *G. amoenus* est le nom donné dans la suite de ce travail aux gerbilles naines (ex *G. nanus*) africaines.

I.7.2.3- Taxonomie des grandes gerbilles à soles poilues d'Egypte : le cas de *G. perpallidus* / *G. pyramidum* / *G. floweri*

Gerbillus pyramidum et *G. perpallidus* constituent deux espèces dont la taxonomie a pendant longtemps fait débat. D'une part *G. perpallidus* (2n = 40 ; NFa = 76) décrite par Setzer en 1958 en Egypte n'est connue qu'à l'ouest de la vallée du Nil. Elle est considérée comme une espèce valide par plusieurs auteurs (Lay, 1983 ; Osborn et Helmy 1980 ; Pavlinov *et al.*, 1990 ; Musser et Carleton, 2005) contrairement à Cockrum (1977) qui la considère comme synonyme de *G. latastei* ou Petter (1975b) qui la répertorie comme une sous-espèce de *G. pyramidum*. *Gerbillus perpallidus* est une forme très proche morphologiquement de *G. pyramidum* (et/ou de certaines de ses différentes sous-espèces connues, voir Osborn et Helmy, 1980) dont elle est sympatrique dans plusieurs localités. Setzer (1958) va même jusqu'à suggérer que *G. perpallidus* soit un « envahisseur récent ou alors se soit développé in situ ». De manière générale, comparée à *G. pyramidum*, elle est de couleur plus pâle (d'où son nom vernaculaire de « Gerbille pâle d'Egypte »), son crâne est de plus petite taille et ses bulles tympaniques sont plus enflées, entre autres critères décrits par Setzer (1958). Quant à *G. pyramidum* (2n = 38, NFa = 76), quatre formes sont communément reconnues en Egypte à savoir *G. p. pyramidum*, *G. p. elbaensis*, *G. p. gedeedus* et *G. p. floweri* (Osborn et Helmy, 1980), l'une d'entre elles, « floweri », étant d'ailleurs régulièrement considérée comme une espèce valide (Lay, 1983 ; Musser et Carleton, 2005 ; Granjon 2013). Or, nos résultats moléculaires obtenus à partir d'ADN extrait et amplifié sur des spécimens de collections montrent que *G. perpallidus* et *G. pyramidum floweri* semblent constituer un clade fort bien soutenu, à l'intérieur duquel les spécimens référés sous les 2 noms sont mélangés. Dans cette hypothèse, *G. p. floweri* et *G. perpallidus* devraient en fait être considérées comme une seule et même espèce, ce qui irait dans le sens des observations d'Osborn et Helmy (1980) qui notent une très forte ressemblance entre leurs représentants. Il est également intéressant de noter que ces deux taxons sont considérés avoir des

68

distributions parapatriques (Figure I.18), avec G. *perpallidus* à l'ouest du delta du Nil et G. *floweri* à l'est du même delta et jusque dans la péninsule du Sinaï (Happold, 2013).

Figure I.18- Distribution parapatrique entre *Gerbillus perpallidus* (en rose) et *G. floweri* (en jaune) ; Redessiné à partir des cartes de http://www.iucnredlist.org/.

Cette espèce devrait alors porter le nom de la première espèce décrite, soit G. *floweri* (décrite en 1919 par Thomas, alors que G. *perpallidus* n'a été décrite qu'en 1958 par Setzer). Elle serait caractérisée par le caryotype proposé pour G. *perpallidus* par Lay *et al.* (1975) et décrit en détail par Aniskin *et al.* (2006), à 2n = 40, NFa = 76. Cette espèce apparaît très proche d'un ensemble comprenant les trois autres sous-espèces de G. *pyramidum*, dont elle serait très probablement l'espèce-sœur. De leur côté, ces sous-espèces ne semblent pas correspondre à des ensembles génétiques réciproquement monophylétiques.

Chapitre II- Phylogénie du genre

Gerbillus

II.1- Généralités

Comme indiqué dans le chapitre précédent, ce genre est sujet à d'importantes controverses concernant son organisation interne avec la présence de trois, voire quatre (Dipodillus, *Gerbillus*, Hendecapleura, Monodia) subdivisions qui ont été considérées comme des genres ou des sous-genres suivant les auteurs, les époques et les méthodes utilisées (Ellerman, 1941; Setzer, 1956; Petter, 1968 ; Ranck, 1968 ; Rosevear, 1969; Lay, 1983; Musser et Carleton, 2005; Aulagnier *et al.*, 2008; Pavlinov, 2008). La large aire de répartition de ce groupe rend difficile de disposer d'échantillons représentatifs de ses différentes espèces en vue d'une étude systématique complète. Par ailleurs, beaucoup d'espèces ont une distribution réduite, voire ne sont connues que de la localité ou la région de description (voir chapitre I et Granjon et Denys, 2006). Malgré ces difficultés, quelques auteurs ont tenté de revoir l'ensemble de la systématique du genre, à l'échelle de toute sa distribution ou sur la partie africaine de celle-ci (Petter, 1968 ; Lay, 1983 ; Musser et Carleton, 2005 ; Granjon, 2013). D'autres études se sont uniquement focalisées sur une aire géographique donnée (Setzer 1956, 1958 au Soudan et en Egypte respectivement ; Saint-Girons et Petter, 1965, Lay, 1975 et Aulagnier et Thévenot, 1986 au Maroc ; Ranck, 1968 en Libye; Wassif *et al.*, 1969 et Osborn et Helmy, 1980 en Egypte; Lay et Nadler, 1975 à l'Est de l'Euphrate en Irak; Cockrum *et al.*, 1976 en Tunisie; Yalden *et al.*, 1996 en Ethiopie et Erythrée; Granjon *et al.*, 2002 au Mali, Dobigny *et al.*, 2002b au Niger, entre autres).
La plupart des critères utilisés à ce jour sont de nature morpho-anatomiques, qu'ils concernent la morphologie externe (pilosité des soles plantaires, longueur relative de la queue par rapport à celle du corps, densité et couleur du pinceau de poils terminal de la queue...) ou crânio-dentaire (taille et structure des bulles tympaniques, présence ou non d'un tympan accessoire, forme et structure des molaires...) et ont permis à divers auteurs de faire des propositions systématiques concernant l'organisation de ce genre. Ceci a permis à des auteurs comme Lataste (1881), Petter (1959, 1975b),

71

Cockrum *et al.* (1976), Osborn et Helmy (1980), Musser et Carleton (2005) et Pavlinov (2008) de proposer Dipodillus comme un genre à part entière, distinct de *Gerbillus*, en se basant sur des critères tels que la taille des bulles tympaniques, la nature des soles plantaires ainsi que la forme de la surface occlusale des molaires. De leur côté, des auteurs comme Ellerman (1941), Setzer (1958), Ranck (1968) ou Rosevear (1969) suggèrent une subdivision en deux sous-genres basés sur la pilosité des soles plantaires avec *Gerbillus* sensu stricto à soles plantaires poilues et Dipodillus à soles plantaires nues. Ellerman (1941) propose en plus la présence d'espèces potentiellement intermédiaires à ces deux sous-genres (*G.* nancillus et *G.* vallinus, cette dernière alors improprement classée dans le genre *Gerbillus* alors qu'elle s'est révélée appartenir en fait au genre d'Afrique australe Gerbillurus).Hendecapleura est pour sa part plus souvent considérée comme sous-genre du genre *Gerbillus* (Corbet, 1978 ; Petter 1975b) et se distingue des subdivisions Dipodillus et *Gerbillus* par des soles plantaires peu poilues voire même nues (Lay, 1983), la présence d'un tympan accessoire ainsi que des valeurs chromosomiques (nombre diploîde et nombre d'acrocentrique) importantes.

En plus de ces données morpho-anatomiques, des informations chromosomiques ont par ailleurs été utilisées dans un but systématique dans ce groupe (Wassif *et al.*, 1969 ; Qumsiyeh, 1986). Le genre *Gerbillus* est d'ailleurs considéré comme particulièrement intéressant pour aborder les différents aspects de l'évolution chromosomique, du fait du nombre de remaniements très importants retrouvés dans ce genre (Qumsiyeh, 1986, Volobouev *et al.*, 1995; Aniskin *et al.*, 2006). Le nombre diploîde (2n), le nombre fondamental d'autosomes (NFa) qui varient de 34 à 74 et de 52 à 142 respectivement (Lay, 1983 ; Qumsiyeh *et al.*, 1991 ; Aniskin *et al.*, 2006 ; Granjon et Denys, 2006), ainsi que la morphologie des chromosomes sexuels ont souvent permis de caractériser de façon non ambiguë des espèces par ailleurs très similaires morphologiquement (Jordan *et al.* 1974; Lay *et al.*, 1975; Wassif 1981; Qumsiyeh *et al.*, 1986; Volobouev *et al.*, 1995; Dobigny *et al.*, 2001; Granjon et

Dobigny, 2003) mais aussi de faire des propositions sur les relations phylogénétiques à l'intérieur de ce groupe (Viégas-Péquignot *et al.*, 1984 ; Qumsiyeh, 1986 ; Volobouev *et al.*, 1995 ; Aniskin *et al.*, 2006). Ces études, généralement basées sur la comparaison des réarrangements chromosomiques identifiés entre espèces, n'ont en général concerné qu'un nombre réduit d'espèces. Toutefois, Aniskin *et al.* (2006) à partir d'une revue de différentes études suggèrent la présence d'au moins deux groupes d'espèces suivant i) la quantité de réarrangements chromosomiques observés dans le caryotype, ii) le caractère primitif ou dérivé (en l'occurrence résultant d'une translocation robertsonienne entre une paire d'autosomes et les gonosomes) des chromosomes sexuels, iii) le contenu et la composition en hétérochromatine et iv) la présence d'une paire à réplication tardive. Les deux ensemblesmajeurs ainsi identifiés comme partageant l'un ou l'autre de ces ensembles de caractères incluent pour le premier des espèces généralement considérées comme appartenant au groupe « *Gerbillus* », et pour le second des espèces généralement rangées dans les groupes « Dipodillus » et « Hendecapleura ».

Enfin, plus récemment, des données moléculaires ont permis d'apporter des éléments de réponse à des questions d'ordre systématique et phylogénétique concernant l'organisation de la sous-famille des Gerbillinae (Chevret et Dobigny, 2005; Ito *et al.*, 2010), et du genre *Gerbillus* (Abiadh *et al.*, 2010 pour les espèces de Tunisie; Ndiaye *et al.*, 2012 pour celles du Maroc, Ndiaye *et al.*, 2013 et soumis dans le cadre d'études d'espèces jumelles). Dans tous ces cas, ces travaux n'ont impliqué qu'un nombre restreint d'espèces et n'ont donc pas permis d'aborder la systématique évolutive du genre dans son ensemble. Or, les analyses moléculaires ont contribué significativement ces dernières années à l'amélioration de la systématique et de la phylogénie de groupes à des niveaux taxonomiques variés (voir par exemple Delsuc *et al.*, 2003 pour les Mammifères, Steppan *et al.*, 2005 pour les Rongeurs, Lecompte *et al.* 2008 pour les Murinae africains, Pagès *et al.*, 2010 pour le genre Rattus). C'est sur la base de telles données et analyses que nous allons tenter dans ce chapitre de

73

reconstruire la phylogénie du genre *Gerbillus* puis d'estimer les dates de divergence des principaux clades identifiés avant de discuter les principales implications taxonomiques et biogéographiques de ces résultats.

II.2- Matériel et Méthodes

II.2.1- Choix des gènes étudiés

Afin de reconstruire la phylogénie du genre *Gerbillus*, notre choix s'est porté sur un gène nucléaire, l'IRBP (Interphotoreceptor Retinoid-Binding Protein) et un gène mitochondrial, le cytochrome b (cytb). Ce dernier est très largement utilisé dans les études de phylogénie et il est donc bien documenté pour de nombreux groupes de mammifères (Bradley et Baker 2001; Delsuc *et al.*, 2003) tels que les rongeurs (Martin *et al.*, 2000; Steppan *et al.*, 2003; Veyrunes *et al.*, 2005; Pagès *et al.* 2010 ; Nicolas *et al.*, 2012 ; Galan *et al.*, 2012). Les études moléculaires réalisées à ce jour sur les Gerbillinae ont également utilisé le cytb (Chevret et Dobigny, 2005 ; Abiadh *et al.*, 2010 ; Ito *et al.* 2010 ; Ndiaye *et al.*, 2012, 2013), ce qui va donc faciliter les comparaisons entre ces travaux. D'autre part, il est présent en de nombreuses copies dans la cellule facilitant ainsi l'amplification par PCR. Enfin, son hérédité essentiellement maternelle (mais voir Gyllensten *et al.* 1991) entraîne peu de recombinaison. De la même manière, l'IRBP a été largement utilisé en phylogénie, souvent pour mettre en évidence les relations à des niveaux taxonomiques élevés (Smith *et al.* 1996; Debry et Sagel, 2001; Huchon *et al.* 2002; Jansa et Weksler 2004) mais aussi à un niveau intragénérique (Mundy et Kelly, 2001 ; Chevret *et al.*, 2005 ; Veyrunes *et al.* 2005 ; Wang *et al.*, 2013).

II.2.2- Zone d'étude et échantillonnage

Des échantillons sous forme de prélèvements en éthanol 95° (foie, oreille ou pied) ont été collectés afin de procéder aux diverses analyses ADN. Ces échantillons, couvrant une portion significative de l'aire de répartition du genre *Gerbillus*, proviennent d'Afrique saharo-sahélienne (Algérie, Egypte, Kenya, Lybie, Mali, Mauritanie, Maroc, Niger, Sénégal, Tchad, Tunisie) et d'Asie (Pakistan) en passant par la péninsule arabique (Israël, Jordanie, Arabie Saoudite, Yémen). Au total, des prélèvements de 129 individus provenant de 71 localités ont pu ainsi être réunis pour cette analyse phylogénétique (Figure II.1).

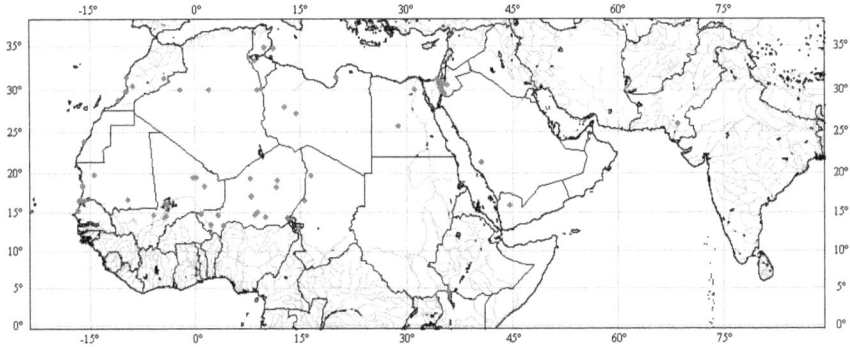

◆ Localités échantillonnées

Figure II.1- Echantillonnage dans la zone de distribution du genre *Gerbillus*.

II.2.3- Obtention des séquences d'ADN

Il s'agit d'extraire l'ADN des différents tissus puis de procéder à l'amplification des gènes (IRBP et cytb) avant d'envoyer les produits PCR ainsi obtenus à séquencer. Ces différentes étapes ont été largement décrites dans le chapitre I.

II.2.4- Analyse des données de séquence

II.2.4.1- Diversité génétique

La diversité génétique de notre échantillon (sans les outgroups) a été estimée pour les deux gènes (cytb et IRBP) à l'aide de MEGA v5.1. (Tamura *et al.* 2011). Les indices retenus sont le nombre de sites polymorphes, le nombre de sites informatifs, le nombre de sites conservés, le taux transition/transversion (R) et la fréquence nucléotidique pour chaque base.

II.2.4.2- Distances génétiques et reconstructions phylogénétiques

Les distances génétiques (en l'occurrence les distances de Kimura-2-Parameter, K2P) ont été calculées entre les différents clades obtenus lors des reconstructions phylogénétiques sur toutes les substitutions (transitions et transversions) et à toutes les positions de codons puis nous avons testé le meilleur modèle à appliquer à nos jeux de données à l'aide de jModeltest v3.7 (Posada, 1998) en utilisant le critère Aikake (AIC ; Aikake 1973). Le modèle ainsi obtenu a été utilisé pour reconstruire les phylogénies suivant les méthodes probabilistes du maximum de vraisemblance (ML) et d'inférence bayésienne (IB) à l'aide de PhyML v3.1 (Guindon et Gascuel, 2003) et MrBayes v3.1.2 (Huelsenbeck et Ronquist, 2001; Ronquist et Huelsenbeck, 2003) respectivement pour le ML et IB. Par ailleurs, la méthode de reconstruction phylogénétique par Neighbour-Joining (NJ) basée sur les distances K2P a été utilisée sous Seaview v4.2.12 (Gouy *et al.* 2010). La solidité des différents nœuds a été évaluée par la méthode du bootstrap (BP) pour les analyses en NJ et ML (1000 réplicats). En ce qui concerne l'inférence bayésienne, nous avons effectué les analyses phylogénétiques en utilisant des Chaîne de Markov Monte Carlo (MCMC). Deux analyses de MCMC ont été réalisées de manière indépendante pour 10.000.000 de générations avec échantillonnage chaque 100 générations. Par la suite, 25% des premiers arbres échantillonnés ont été rejetés (burn-in). Dans ce cas, les probabilités postérieures (PP) ont été utilisées afin de tester de la solidité des nœuds ainsi obtenus. Dix-neuf séquences d'autres Gerbillinae et de représentants des Deomyinae (groupe-frère des Gerbillinae incluant les genres Acomys, Deomys, Lophyuromys et Uranomys) ont été obtenues de Genbank et rajoutées à nos différents jeux de données, constituant ainsi les groupes externes.

II.2.4.3- Datations moléculaires

L'approche bayésienne avec les chaînes MCMC sous Beast v1.7.4. (Drummond *et al.* 2007) a été utilisée pour calculer le temps de divergence à partir du plus récent ancêtre commun (TMRCA) des différents clades distingués suite aux reconstructions phylogénétiques effectuées et explicitées ci-dessus. Pour ce faire, une horloge moléculaire relâchée a été utilisée suivant une distribution normale. Deux essais indépendants de 50.000.000 générations chacun ont été effectués. Par la suite, les différents runs ainsi obtenus ont été combinés avec LogCombiner v1.7.4 puis un burn-in de 25% a été appliqué sur l'ensemble des arbres ainsi obtenus sous TreeAnnotator v1.7.4. Les valeurs de taille efficace de l'échantillon (ESS) et les diagrammes de fréquence permettant de vérifier si le nombre de générations utilisé était adéquat ont été examinés grâce au logiciel Tracer v1.4 (Rambaut et Drummond, 2007). Nous avons utilisé le modèle d'évolution sélectionné précédemment par jModelTest et un modèle bayésien de coalescence basé sur une population constante a été appliqué aux jeux de données ainsi constitués. Pour ce qui est de la calibration de l'horloge moléculaire chez les Gerbillinae et dans le genre *Gerbillus*, un premier point de calibration (20Ma) datantl'émergence des Myocricetodontinae (considérés comme les ancêtres des Gerbillinae) a été utilisé (Wessels *et al.*, 2003 ; 2009). Ensuite au sein même des Gerbillinae, nous avons utilisé l'âge du plus ancien ancêtre connu des Taterini (originaire d'Abu Dhabi) estimée à 8,6Ma (Flynn *et al.*, 2003, Flynn et Jacobs, 1999). Enfin des datations basées sur les données moléculaires ont permis d'estimer la date de divergence entre *Gerbillus* et Sekeetamys à 5.97 ± 1.19Ma (Chevret et Dobigny, 2005).

II.3- Résultats

II.3.1- Matrices constituées

Au final les différentes analyses ont été effectuées sur les trois matrices suivantes : La première matrice, constituée uniquement de séquences de cytb (1140pb), en contient au total 88 séquences dont une séquence incomplète (764pb). La seconde matrice est représentée par 71 séquences d'IRBP parmi lesquelles 66 sont des séquences complètes de 1272 pb et 5 séquences n'ont que 760 pb.

Par la suite nous avons combiné les matrices de séquences complètes de cytb et d'IRBP, soit un total de 65 séquences de « cytb + IRBP » à 2412pb. Ces différentes séquences ont été pour la plupart déposées dans la banque de séquences Genbank (http://www.ncbi.nlm.nih.gov/genbank/) où elles sont référencées sous les numéros présentés dans l'annexe 2. A ces différentes matrices nous avons rajouté des séquences appartenant aux taxons les plus proches du genre *Gerbillus* à savoir des membres d'autres genres des Gerbillinae et du groupe-frère de l'ensemble des Gerbillinae à savoir les Deomyinae. Au total 19 groupes externes (15 Gerbillinae et 4 Deomyinae) ont été utilisés (voir Annexe 2 pour les détails) pour les matrices « cytb » et « cytb + IRBP » tandis que 13 (9 Gerbillinae et 4 Deomyinae) ont été utilisés pour la matrice IRBP.

II.3.2- Diversité génétique

Les différents résultats obtenus pour les deux gènes dont la diversité a été étudiée sont présentés dans le Tableau II.1. Ces analyses de diversité n'ont été effectuées que pour les individus dont la séquence est complète.

Tableau II.1- Diversité génétique sur toutes les substitutions et toutes les positions

Critères de diversité génétique	Cyt*b*	IRBP
Nombre de paires de bases obtenues (pb)	1140	1272
Nombre de séquences obtenues	128	66
Sites conservés	512	914
Sites polymorphes	628	358
Sites informatifs	521	205
Taux de transition/transversion (R)	2.97	2.69

Modèle sélectionné	GTR+I+G	T92+I+G
Fréquence (A)	27.29%	23.37%
Fréquence (T)	32.11%	20.65%
Fréquence (C)	26.64%	27.75%
Fréquence (G)	13.96%	28.23%

II.3.3- Reconstructions phylogénétiques

Les distances génétiques n'ont été calculées et présentées que pour les matrices de cytb et IRBP et sont présentés dans les tableaux II.2 et 3 respectivement.

Tableau II.2- Distances génétiques interspécifiques calculées sur toutes les positions (1000 bootstrap, Kimura 2-paramètre) pour le cytb; [1] *G. tarabuli*, [2] *G. pyramidum*,[3] *G. perpallidus*, [4] *G. gerbillus*, [5] *G. nanus*, [6] *G. amoenus*, [7] *G. hoogstrali*, [8] *G. occiduus*, [9] *G. campestris*, [10] *G. henleyi*, [11] *G. nigeriae*, [12] *G. andersoni*, [13] *G. cheesmani*, [14] *G. dasyurus*[15] *G. hesperinus*, [16] *G. latastei*, [17] *G. poecilops*, [18] *G. rupicola*, [19] *G. simoni*, [20] *Gerbillus*_sp1, [21] *Gerbillus*_sp2, [22] *G. nancillus*

	1	2	3	4	5	6	7	8	9	10	11	12	13	14	15	16	17	18	19	20	21
[1]																					
[2]	0.064																				
[3]	0.061	0.029																			
[4]	0.118	0.125	0.120																		
[5]	0.145	0.128	0.134	0.168																	
[6]	0.145	0.136	0.142	0.156	0.065																
[7]	0.087	0.080	0.070	0.114	0.146	0.150															
[8]	0.018	0.060	0.062	0.115	0.147	0.148	0.088														
[9]	0.127	0.112	0.109	0.139	0.144	0.145	0.128	0.136													
[10]	0.159	0.164	0.165	0.175	0.116	0.110	0.156	0.157	0.158												
[11]	0.133	0.119	0.111	0.122	0.163	0.154	0.110	0.135	0.122	0.168											
[12]	0.116	0.108	0.118	0.122	0.149	0.143	0.121	0.114	0.129	0.157	0.080										
[13]	0.138	0.128	0.122	0.108	0.163	0.154	0.101	0.140	0.146	0.185	0.130	0.138									
[14]	0.116	0.121	0.116	0.142	0.162	0.158	0.125	0.117	0.109	0.165	0.140	0.154	0.145								
[15]	0.085	0.076	0.072	0.116	0.133	0.135	0.020	0.085	0.115	0.147	0.109	0.117	0.108	0.124							
[16]	0.103	0.088	0.085	0.127	0.158	0.157	0.076	0.101	0.130	0.156	0.116	0.137	0.135	0.124	0.068						
[17]	0.171	0.159	0.161	0.172	0.117	0.128	0.171	0.167	0.144	0.148	0.187	0.161	0.171	0.165	0.159	0.170					
[18]	0.125	0.114	0.105	0.135	0.146	0.144	0.126	0.133	0.019	0.159	0.121	0.129	0.140	0.107	0.114	0.131	0.143				
[19]	0.125	0.122	0.115	0.142	0.158	0.152	0.133	0.120	0.111	0.156	0.146	0.152	0.132	0.063	0.133	0.122	0.159	0.115			
[20]	0.040	0.063	0.064	0.121	0.135	0.134	0.088	0.033	0.122	0.163	0.116	0.125	0.133	0.111	0.085	0.092	0.168	0.122	0.122		
[21]	0.126	0.115	0.108	0.133	0.161	0.164	0.124	0.124	0.112	0.159	0.092	0.092	0.146	0.143	0.113	0.144	0.169	0.116	0.132	0.121	
[22]	0.156	0.142	0.144	0.150	0.157	0.166	0.135	0.151	0.149	0.168	0.166	0.142	0.160	0.126	0.131	0.153	0.176	0.147	0.129	0.159	0.156

Tableau II.3- Distances génétiques interspécifiques calculées sur toutes les positions (1000 bootstraps, Kimura 2 paramètre) pour l'IRBP; [1] *G. tarabuli*, [2] *G. pyramidum*,[3] *G. gerbillus*, [4] *G. amoenus*, [5] *G. nanus*, [6] *G. hoogstrali*, [7] *G. occiduus*, [8] *G. campestris*, [9] *G. henleyi*, [10] *G. nigeriae*, [11] *G. andersoni*, [12] *G. cheesmani*, [13] *G. dasyurus*, [14] *G. hesperinus*[15] *G. latastei*, [16] *G. floweri*, [17] *G. nancillus*, [18] *G. poecilops*, [19] *G. rupicola*, [20] *G. simoni*, [21] *Gerbillus*_sp1, [22] *Gerbillus*_sp2.

	1	2	3	4	5	6	7	8	9	10	11	12	13	14	15	16	17	18	19	20	21
[1]																					
[2]	0.007																				
[3]	0.009	0.005																			
[4]	0.024	0.022	0.020																		
[5]	0.024	0.021	0.020	0.001																	
[6]	0.008	0.003	0.006	0.023	0.023																
[7]	0.008	0.002	0.005	0.022	0.022	0.004															
[8]	0.014	0.012	0.011	0.015	0.015	0.014	0.013														
[9]	0.024	0.022	0.020	0.010	0.010	0.023	0.023	0.015													
[10]	0.007	0.002	0.005	0.022	0.022	0.003	0.003	0.012	0.022												
[11]	0.015	0.008	0.012	0.027	0.027	0.011	0.010	0.020	0.024	0.010											
[12]	0.011	0.006	0.004	0.024	0.024	0.008	0.007	0.014	0.024	0.007	0.014										
[13]	0.013	0.011	0.009	0.014	0.014	0.012	0.011	0.004	0.014	0.011	0.019	0.013									
[14]	0.011	0.005	0.008	0.025	0.025	0.004	0.004	0.016	0.014	0.006	0.013	0.010	0.014								
[15]	0.007	0.002	0.003	0.019	0.019	0.004	0.003	0.010	0.020	0.002	0.010	0.004	0.009	0.006							
[16]	0.006	0.001	0.004	0.021	0.021	0.002	0.001	0.011	0.021	0.001	0.009	0.006	0.010	0.004	0.001						
[17]	0.012	0.009	0.009	0.015	0.015	0.009	0.010	0.006	0.015	0.009	0.017	0.011	0.004	0.013	0.007	0.009					
[18]	0.022	0.019	0.018	0.011	0.011	0.021	0.020	0.016	0.011	0.020	0.025	0.022	0.014	0.023	0.017	0.019	0.013				
[19]	0.014	0.012	0.011	0.015	0.015	0.014	0.013	0.000	0.015	0.012	0.020	0.014	0.004	0.016	0.010	0.011	0.006	0.016			
[20]	0.011	0.009	0.008	0.012	0.012	0.011	0.010	0.003	0.012	0.009	0.017	0.011	0.001	0.013	0.007	0.009	0.003	0.006	0.003		
[21]	0.006	0.001	0.004	0.021	0.021	0.002	0.001	0.011	0.021	0.001	0.009	0.006	0.010	0.004	0.001	0.000	0.009	0.019	0.011	0.009	
[22]	0.008	0.002	0.006	0.022	0.022	0.004	0.003	0.013	0.023	0.003	0.010	0.007	0.011	0.006	0.003	0.001	0.010	0.020	0.013	0.010	0.001

II.3.3.1- le cytochrome b

Suivant les différentes méthodes utilisées (NJ, ML et IB) nous distinguons 4 grands clades nommés ici A, B, C, et D (Figure II.2-4) pour lesquels les valeurs de Bootstrap (BP en NJ et ML) et de probabilité postérieure (PP en IB) seront respectivement présentées sous la forme NJ/ML/IB dans la suite.

☐ Tout d'abord en position de groupe-frère de l'ensemble des autres représentants de *Gerbillus* (nœud soutenu à 92/96,2/1) nous distinguons le clade A soutenu à 99/99,8/1. Ce clade A est constitué de 3 sous-clades (A1, A2 et A3) représentés respectivement par :

- l'ensemble *G. nanus/ G. amoenus* (100/99,5/1) qui constitue le sous-clade A1, avec une distance génétique entre *G.nanus* et *G. amoenus* de 0,065 ;

- *G. henleyi* (sous-clade A2), groupe-frère de l'ensemble précédent (100/99,8/1), dans lequel on note une dichotomie nette entre les individus d'Israël et les individus d'Afrique de l'Ouest ;

- *G. poecilops* (sous-clade A3), occupe la position basale de ce clade A dont elle aurait été la première lignée à se différencier.

☐ Le second clade (clade B), groupe-frère du clade C en NJ (BP = 42) et du clade D en ML (BP = 50,5) est l'une des 3 lignées d'une trichotomie non résolue (Clade B – Clade C – Clade D) en IB. Ce clade B, soutenu à 56/62,4/0,85 est constitué de deux sous-clades (B1 et B2) :

- un premier sous-clade B1 (100/99/1) renferme les espèces *G. simoni* et *G. dasyurus*,

- un second sous-clade B2, groupe-frère du précédent est constitué par les espèces *G. campestris* et *G. rupicola* (100/100/1). Dans ce sous-clade, nous pouvons noter que le seul individu étudié et appartenant à l'espèce *G. rupicola* apparaît très proche génétiquement de ceux de *G. campestris*, comme en témoigne la faible distance génétique moyenne entre ces 2 ensembles (distance K2P = 0,019).

☐ Le clade C (73/78,6/1) est, comme précédemment signalé, groupe-frère (mal soutenu) du clade B en NJ, de l'ensemble « Clade B + Clade D » en ML (Pp = 0,95) et membre d'une trichotomie non résolue en IB. Ce clade C renferme la majorité des

82

espèces étudiées ici mais certaines des relations entre ces espèces apparaissent différentes selon la méthode utilisée.

- L'ensemble C1 constitué par *G. gerbillus* et *G. cheesmani* (clade très bien soutenu à 100/99,9/1) est le groupe-frère de l'ensemble des autres espèces de ce clade C (dichotomie soutenue à 73/78,6/1).

- L'ensemble C2 (98/ 99,7/ 1) est constitué par les espèces *G. andersoni* (100/100/1), *G. nigeriae* (100/ 99,9/ 1) et un individu nommé ici *Gerbillus* sp.2, originaire du Kenya et qui apparaît comme le groupe-frère de *G. nigeriae* à 82/ 91,8/0,81 dans ce clade C2. La distance génétique entre *G. nigeriae* et *Gerbillus* sp.2 est de 0,067 tandis que celle entre *G. andersoni* et *Gerbillus* sp.2 est de 0,092.

- Ce clade C2 est le groupe-frère (85/90,2/1) de l'ensemble des autres spécimens regroupés en un clade C3 bien soutenu (97/90,6/1) qui correspond au groupe des « grandes espèces à soles plantaires poilues » décrit et étudié dans Ndiaye *et al.* (2012). Trois lignées (C3a, C3b et C3c) très bien soutenues émergent de façon congruente dans ce clade C3. Le schéma d'interrelations entre eux n'est pas stable selon les méthodes de reconstruction : C3b est retrouvé groupe-frère de C3c en ML (BP = 40,2) et IB (Pp = 0,81), et de l'ensemble C3a + C3c en NJ (BP = 97).

*Le sous-clade C3a renferme *G. pyramidum*, *G. perpallidus* et *G. floweri* (100/83,7/0,81). Dans ce clade, les spécimens de *G. perpallidus* (originaire d'Egypte) et de *G. floweri* (originaire d'Israël) apparaissent très proches (distance génétique = 0,022) et clairement différenciés de la majorité des spécimens de *G. pyramidum* qui constituent une lignée très bien soutenue (100/99,6/1). Cependant nous notons qu'un individu libellé « *G. pyramidum* » originaire d'Israël est retrouvé dans ce clade « *G. perpallidus* / *G. floweri* » et est très probablement un représentant de l'un de ces 2 taxons (initialement mal déterminé). La distance génétique entre *G. pyramidum* d'une part et le groupe renfermant « *G. pyrIsr+G. floweri+G. perpallidus* » d'autre part s'établit à 0,029.

*Le sous-clade C3b constitué par les espèces *G. hoogstrali* et *G. hesperinus* d'une part (100/100/1) et *G. latastei* (100/ 100/ 1) d'autre part. Cet ensemble de 3 espèces est correctement soutenu avec 97/72,6/0,97 pour respectivement NJ/ML/IB. La distance génétique entre *G. hoogstrali* et *G. hesperinus* est de 0,020.

*Le sous-clade C3c, toujours très fortement soutenu (100/100/1), comprend trois espèces à savoir *G. tarabuli*, *G. occiduus* et *Gerbillus* sp.1. Dans ce groupe déjà discuté en détail dans Ndiaye *et al.* (2012), *G. tarabuli* et *G. occiduus* apparaissent comme 2 espèces-sœurs très proches, présentant la plus faible valeur de distance génétique rencontrée dans notre jeu de données (0,018).

☐Enfin, le dernier clade noté ici clade D, très bien soutenu (100/100/1), n'est représenté que par la seule espèce *G. nancillus*. Quant à ses relations avec les autres clades, il semble représenter le groupe-frère de l'ensemble « clade C + clade B » uniquement en NJ (BP = 66) tandis qu'en ML il est groupe-frère du clade B (BP = 50,5) et qu'en IB le nœud n'est pas résolu. Les distances génétiques entre *G. nancillus* et les autres espèces du genre *Gerbillus* présentes ici varient entre 0,126 et 0,176 pour respectivement *G. dasyurus* et *G. poecilops*.

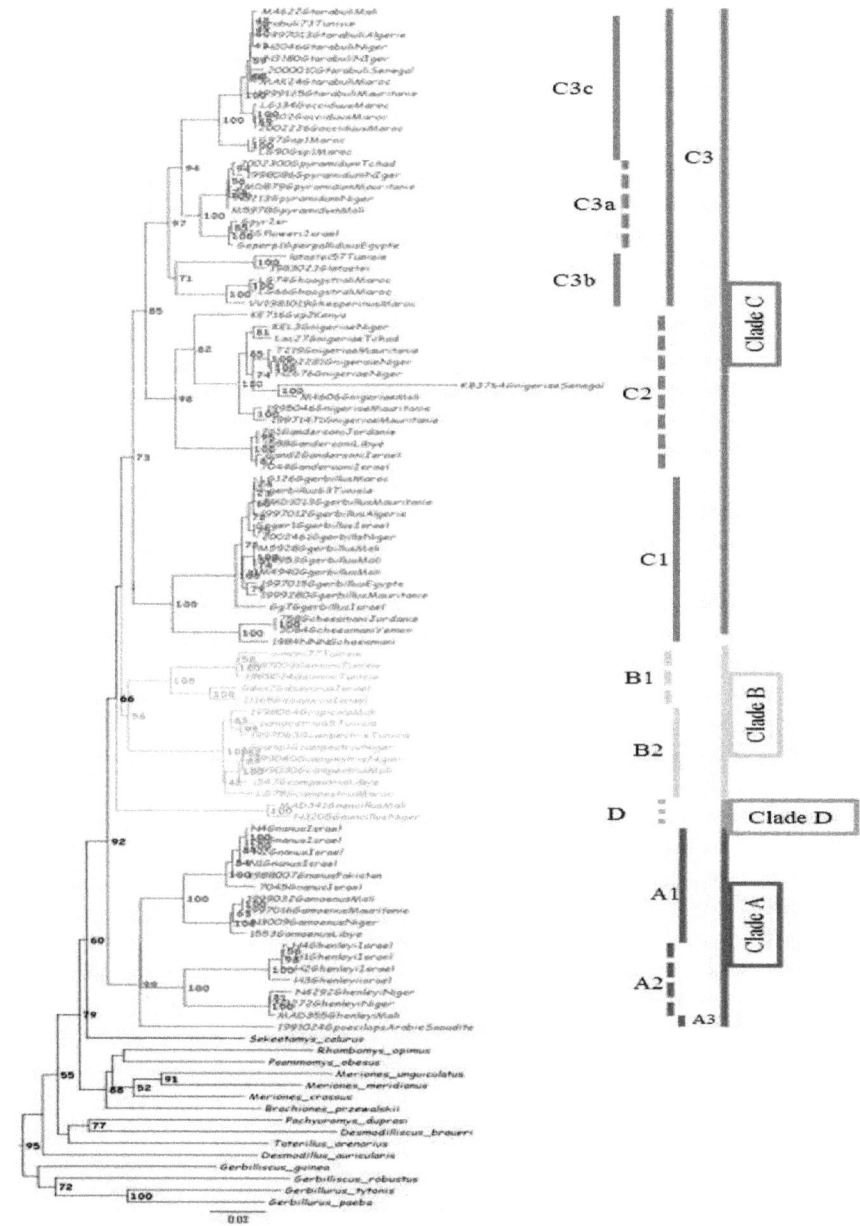

Figure II.2- Reconstruction des relations phylogénétiques dans le genre *Gerbillus* à partir des séquences du gène du cyt b par la méthode du Neighbor-Joining (NJ, K2P, 1000 bootstraps)

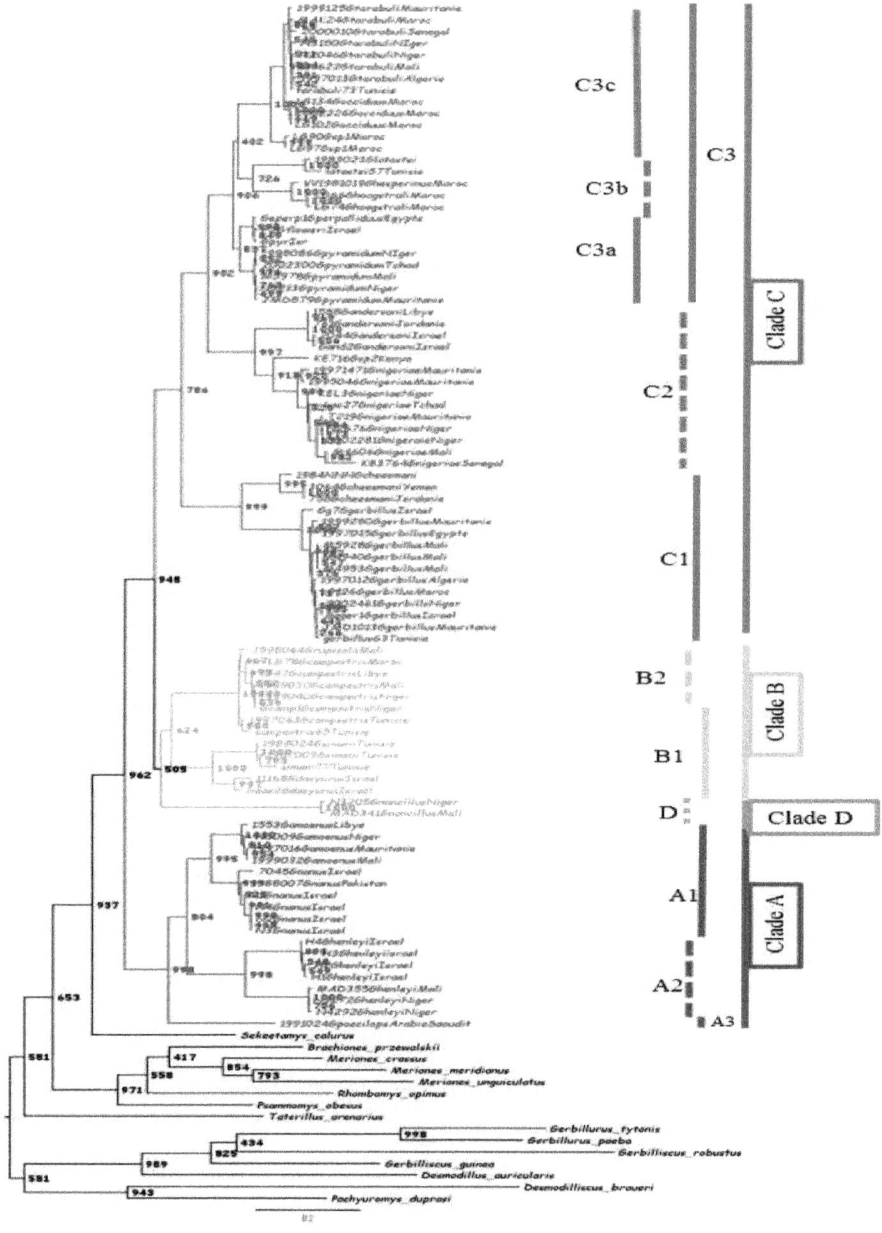

Figure II.3- Reconstruction des relations phylogénétiques dans le genre *Gerbillus* à partir des séquences du cytb par la méthode du maximum de vraisemblance (ML, GTR+I+G, 1000 bootstraps)

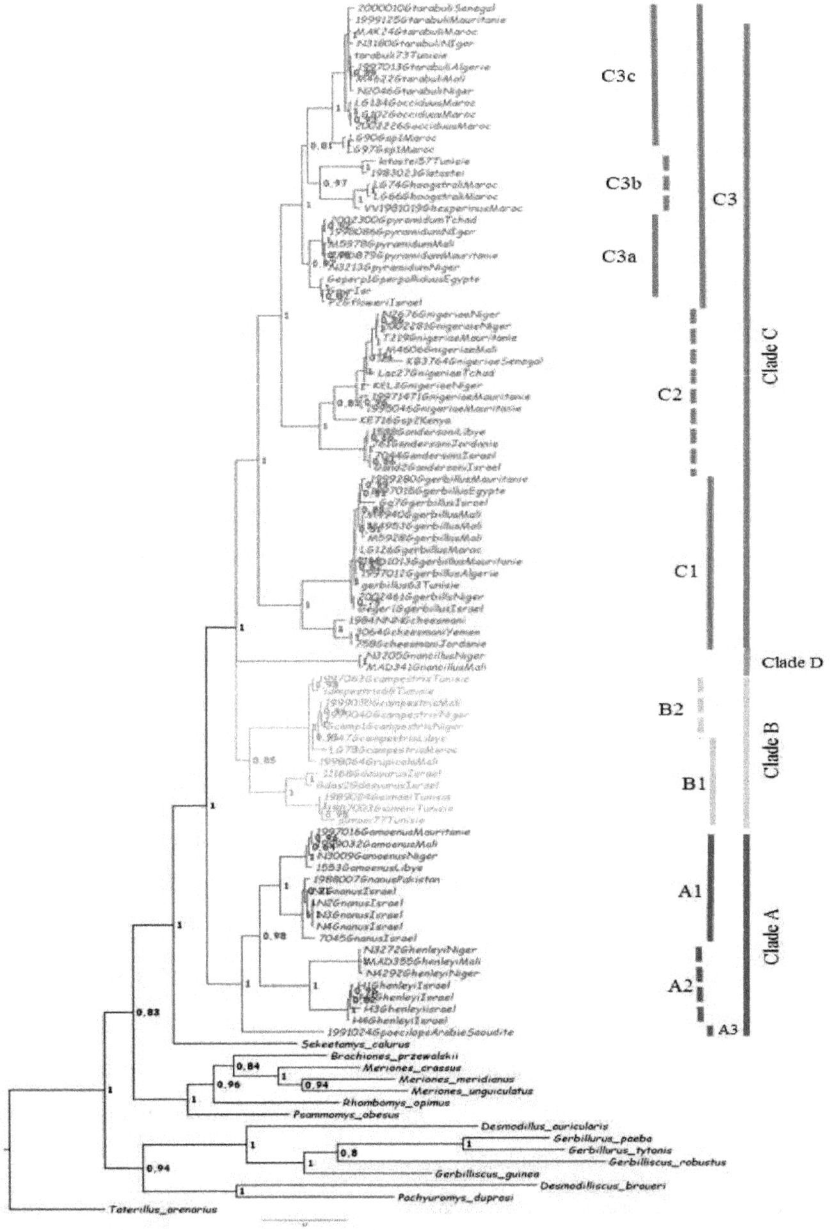

Figure II.4- Reconstruction des relations phylogénétiques dans le genre *Gerbillus* à partir des séquences du gène mitochondrial du cyt b par la méthode de l'inférence bayésienne (IB, GTR+I+G, 10.000.000 générations).

II.3.3.2- l'IRBP

La matrice constituée des seules séquences du gène de l'IRBP a donné lieu à des reconstructions phylogénétiques à partir des mêmes méthodes de NJ, ML et IB (Figures II.5-7). Les résultats obtenues avec ces trois méthodes sont congruents entres eux et nous permettent de noter les mêmes 4 clades que précédemment décrits. Cependant nous constatons que les nœuds récents voire intermédiaires sont très faiblement soutenus, contrairement aux nœuds plus anciens qui ont généralement des valeurs de support acceptables (BP ou PP). Nous ne mentionnerons donc ci-après que les valeurs de support des grands clades retrouvés, et des lignées spécifiques, généralement corrects.

☐Dans le clade A (100/99,3/1) nous retrouvons les 4 espèces précédemment décrites à savoir *G. nanus* / *G. amoenus* (92/94,2/1), *G.* henleyi (100/99,8/1) et enfin de *G. poecilops*. Cependant les valeurs de BP et de Pp obtenues sont très faibles.

☐Le clade B (41/35/0,58) renferme les mêmes espèces que dans les analyses cytb et cytbirbp. Il s'agit de *G. campestris* / *G. rupicola* (100/98,9/1), *G. simoni* (99/94/99) et *G. dasyurus* (70/87/99). Cependant, nous retrouvons au sein de l'espèce *G. dasyurus* un individu appartenant au clade C lors des reconstructions effectuées avec les matrices cytb et cytbirbp et a priori référable à *G. gerbillus*. Par ailleurs, ce clade B est scindé en deux avec de faibles valeurs de bootstrap (< 50) en ML avec d'une part *G. campestris* / *G. rupicola* groupe-frère du clade C (BP = 32,5) tandis que l'ensemble *G. simoni* / *G. dasyurus* se regroupe plutôt avec le clade D (BP = 35,9).

☐Dans le clade C (71/95,8/1) nous retrouvons les mêmes espèces qu'avec les matrices cytb et cytbirbp. Cependant la structuration en sous-clades précédemment observée semble ici inexistante avec des nœuds très faiblement soutenus autant par les valeurs de bootstrap que de probabilité postérieure.

☐ Le clade D est représenté ici par un seul individu appartenant à l'espèce *G. nancillus*. La position de ce clade n'a pas été la même suivant les matrices et reconstructions effectuées, avec chaque fois de faibles valeurs de bootstrap et de probabilité postérieure aux nœuds concernés.

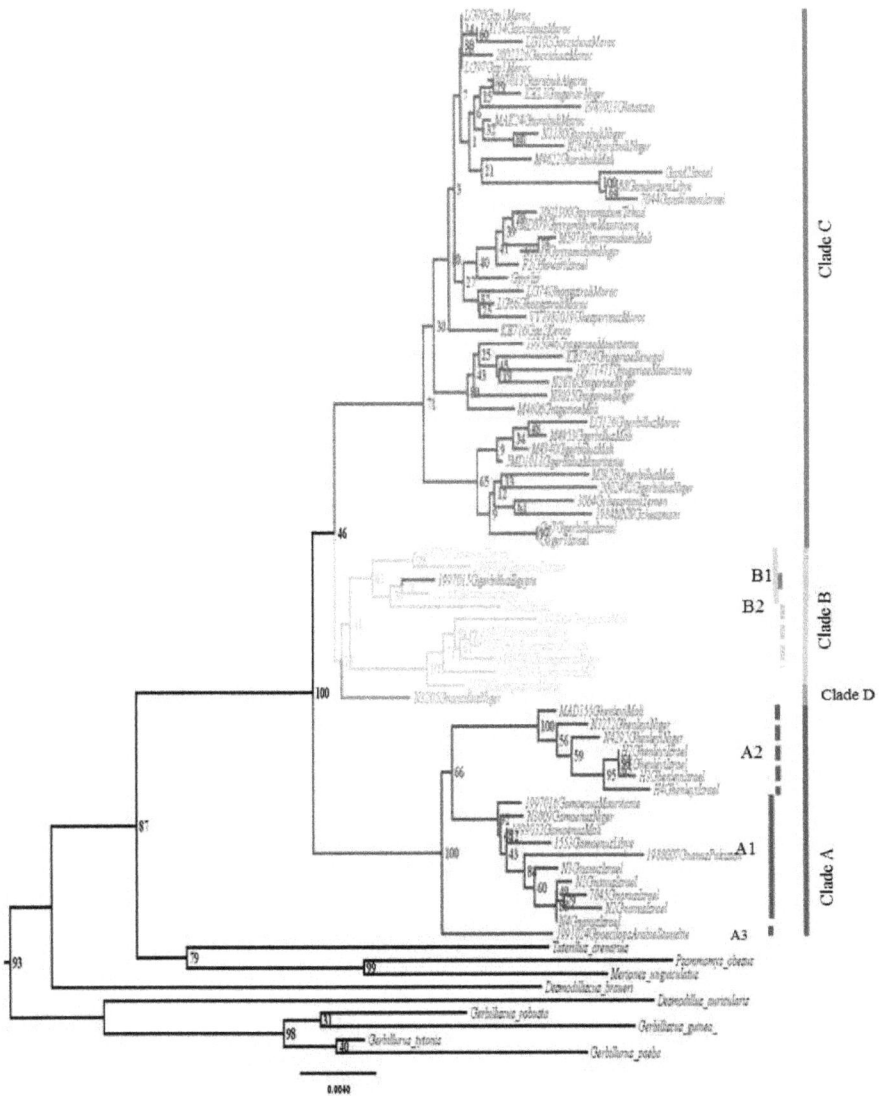

Figure II.5- Reconstruction des relations phylogénétiques dans le genre *Gerbillus* à partir des séquences de l'IRBP par la méthode du Neighbour-Joining (NJ, K2P, 1000 bootstraps)

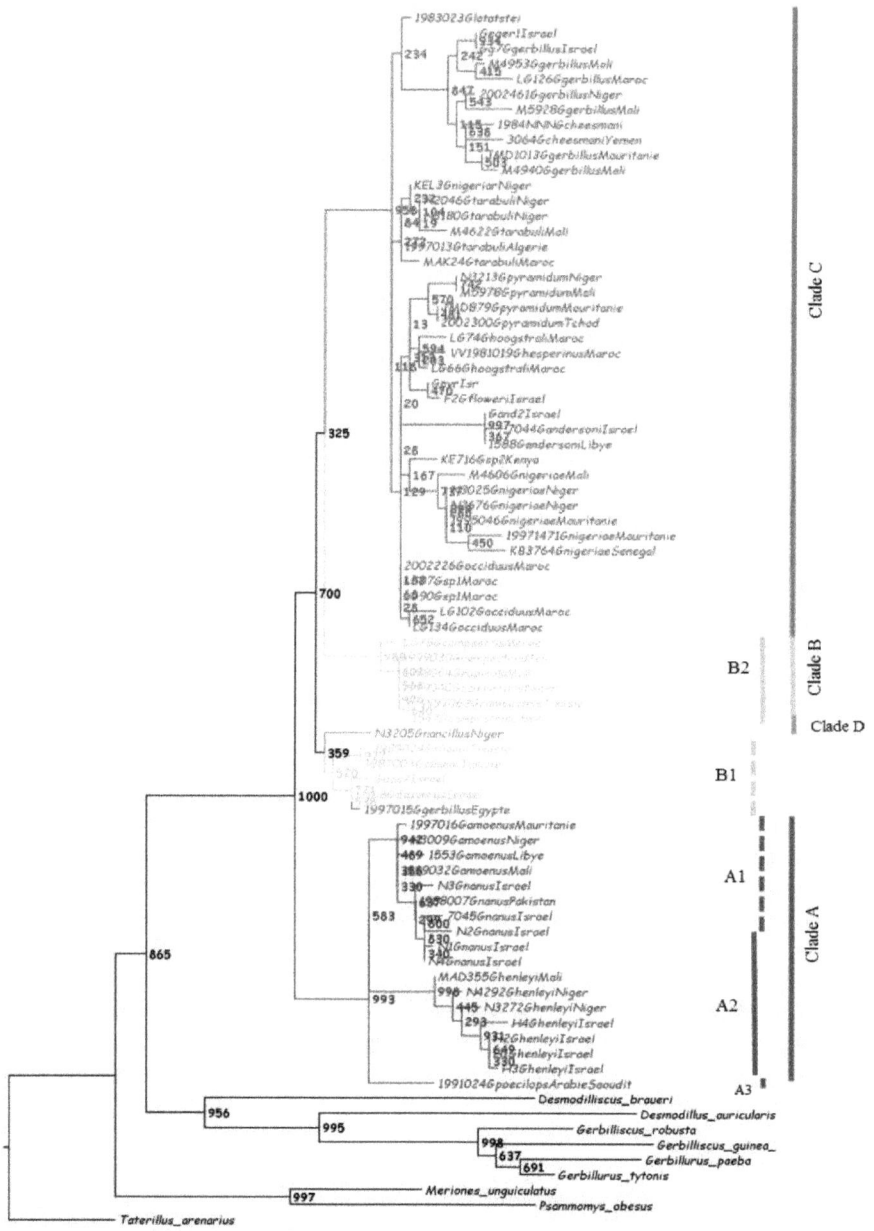

Figure II.6- Reconstruction des relations phylogénétiques dans le genre *Gerbillus* à partir des séquences de l'IRBP par la méthode du maximum de vraisemblance (ML, GTR+I+G, 1000 bootstraps)

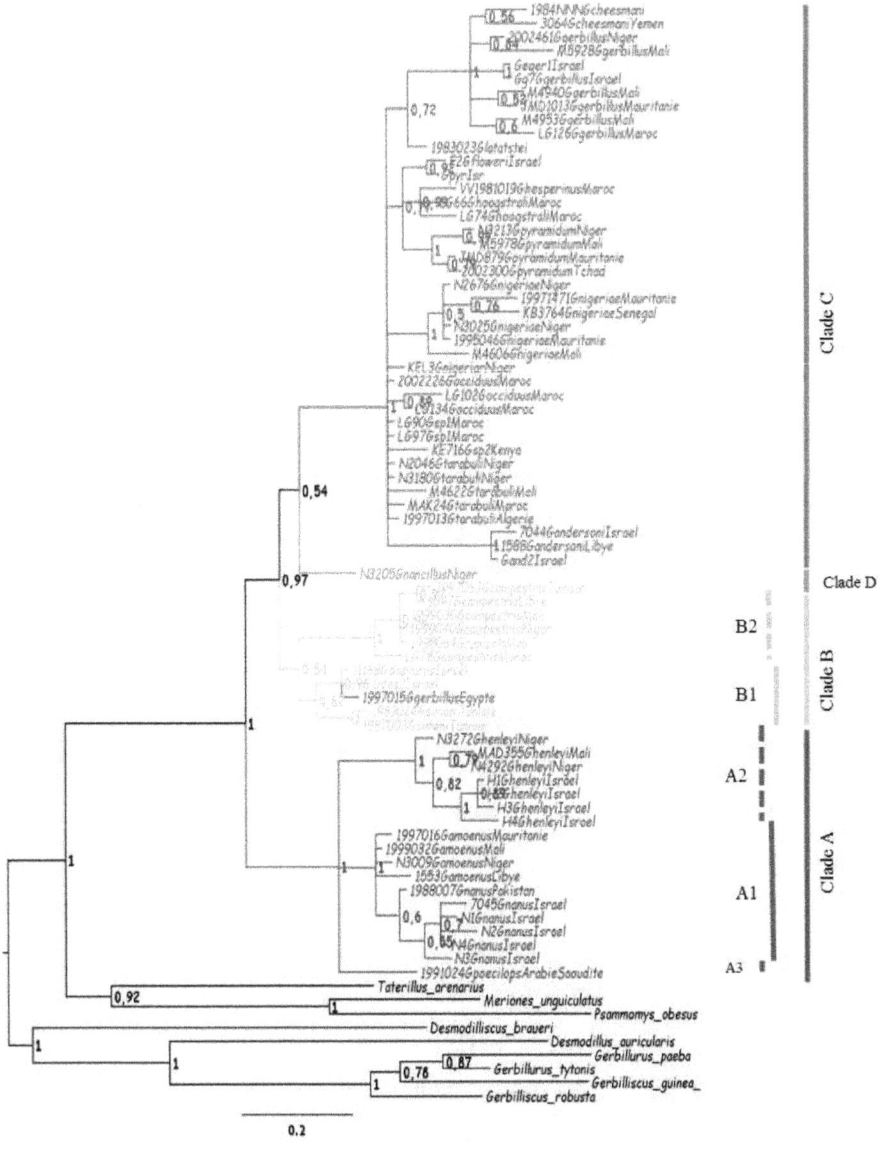

Figure II.7- Reconstruction des relations phylogénétiques dans le genre *Gerbillus* à partir des séquences de l'IRBP par la méthode de l'inférence bayésienne (IB, GTR+I+G, 10.000.000 générations)

II.3.3.3- Les données combinées (cytb + IRBP)

Le traitement de la matrice combinée « cytbirbp » en NJ, ML et IB a donné les résultats décrits ci-dessous (Figure II.8-10) :

☐ En position basale nous avons le même clade A (très bien soutenu avec 100/100/1) que précédemment décrit avec les espèces *G. henleyi* (100/100/1), *G. nanus* / *G. amoenus* (100/99,9/1) et *G. poecilops*. La nette différenciation des 2 lignées de *G. henleyi* (Israël vs Afrique de l'Ouest) est là encore évidente.

☐ Le clade B (82/85/0,99) correspond ici aux même espèces que décrit précédemment à savoir *G. simoni*, *G. dasyurus*, *G. rupicola* et *G. campestris*. Ce clade B apparaît comme groupe-frère du clade C en NJ (BP=66) en IB il est non résolu comme pour la matrice cyt b seule tandis qu'il est groupe-frère du clade D en ML (BP=48,6).

☐ Au sein du clade C, les mêmes espèces que précédemment décrit sont retrouvées, avec des regroupements congruents entre les différentes méthodes utilisées: En position basale l'ensemble C1 constitué par *G. gerbillus* (99/98/1) et *G. cheesmani* (100/100/1). Cet ensemble robuste (99/99,4/1), est groupe-frère de l'ensemble des autres espèces retrouvées dans ce clade. Nous retrouvons ensuite la lignée C2 soutenue à 98/99,6/1, constituée de *G. andersoni* (100/100/1), *G. nigeriae* (100/99,4/1) et *Gerbillus* sp2. Enfin, le groupe C3 soutenu à 99/87,6/1 comprend trois lignées représentées par un premier sous-clade C3a soutenu à (100/85,1/1) et qui comprend un ensemble de spécimens référables à *G. pyramidum* (100/100/1) et (en l'absence de spécimen de *G. perpallidus*) un ensemble constitué par l'individu libellé *G. pyramidum* provenant d'Israël et *G. floweri* (100/100/1). Le second sous-clade C3b (53/53,3/0,8) avec les espèces *G. hoogstrali* (100/1/1), *G. hesperinus* (100/1/1) et *G. latastei*. La position de ce sous-clade varie cependant suivant la méthode utilisée. Le troisième et dernier sous-clade C3c (100/100/1) comprend les espèces-sœurs *G. occiduus* (100/ 100/ 1) et *G. tarabuli* (99/99,4/1), ainsi que *Gerbillus* sp1 (100/ 99,9/1) toutes très bien soutenues.

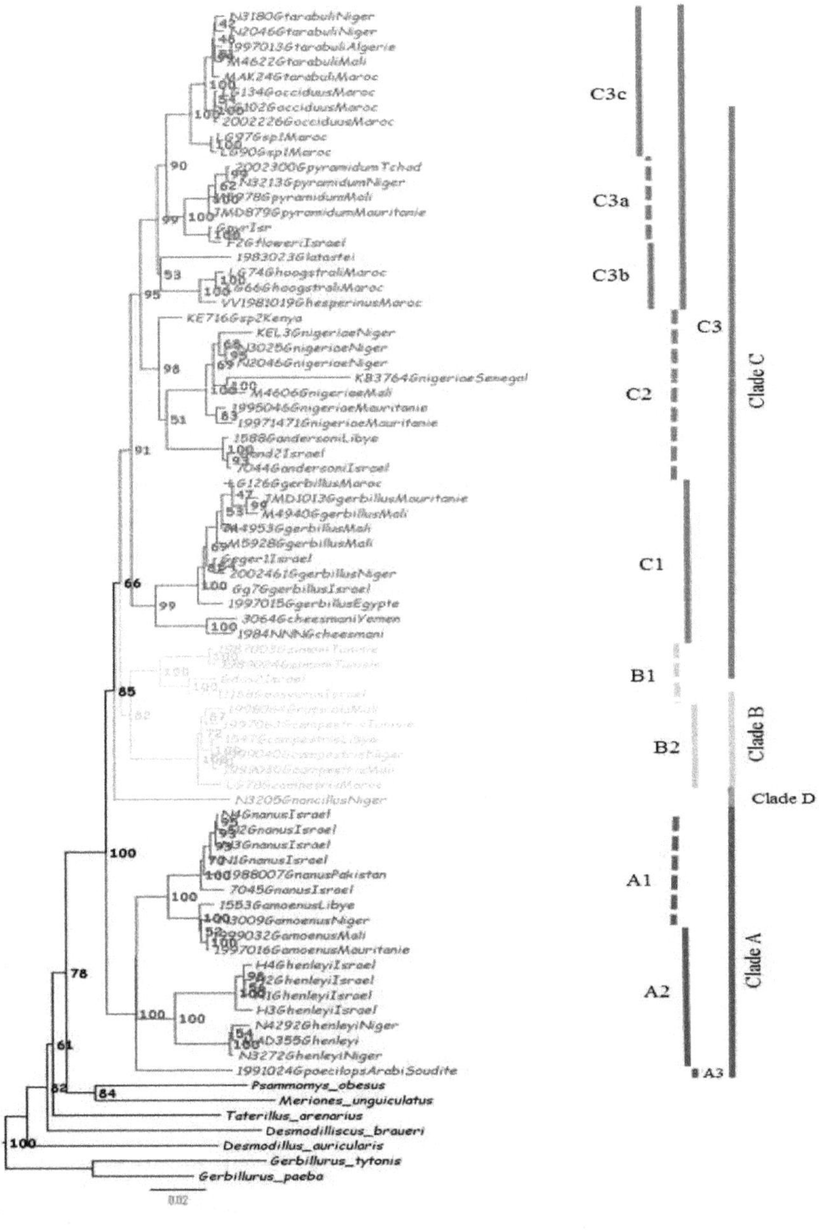

Figure II.8- Reconstruction des relations phylogénétiques dans le genre *Gerbillus* à partir des séquences combinées du cytb et de l'IRBP par la méthode du Neighbour-Joining (NJ, K2P, 1000 bootstrap)

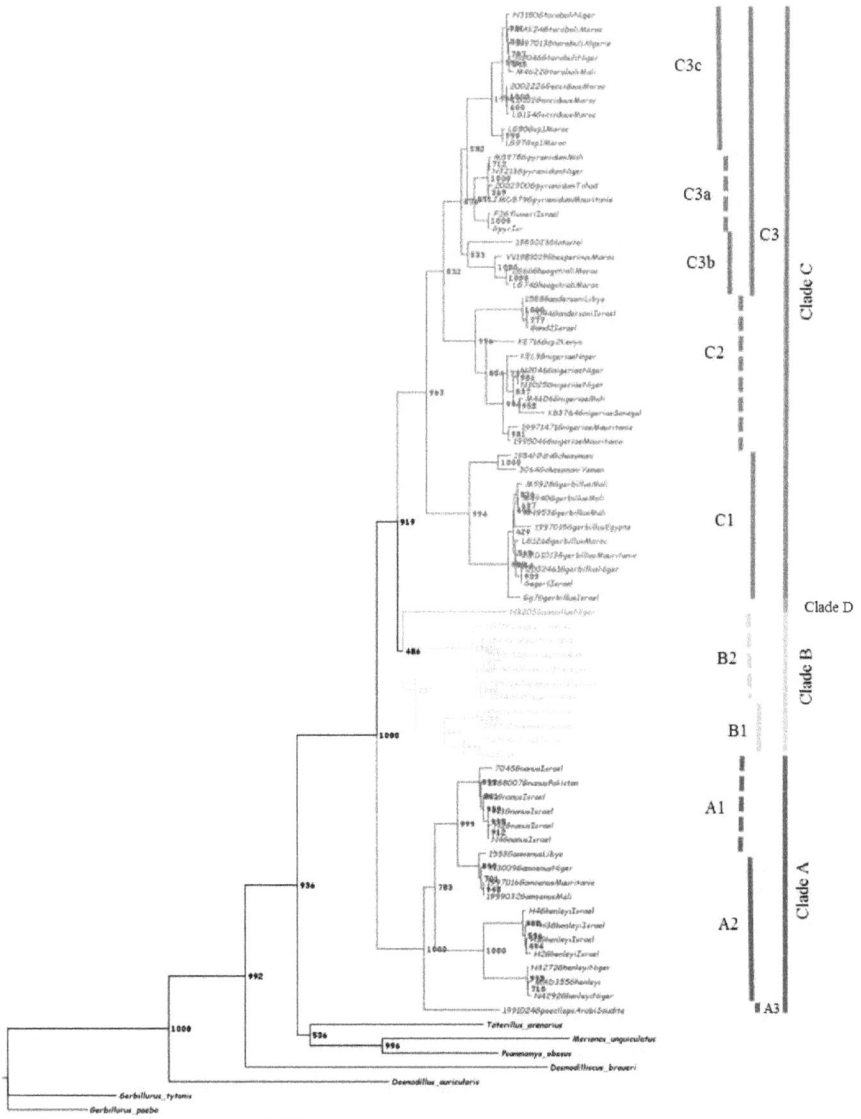

Figure II.9- Reconstruction des relations phylogénétiques dans le genre *Gerbillus* à partir des séquences combinées du cytb et de l'IRBP par la méthode du maximum de vraisemblance (ML, GTR+I+G, 1000 bootstraps)

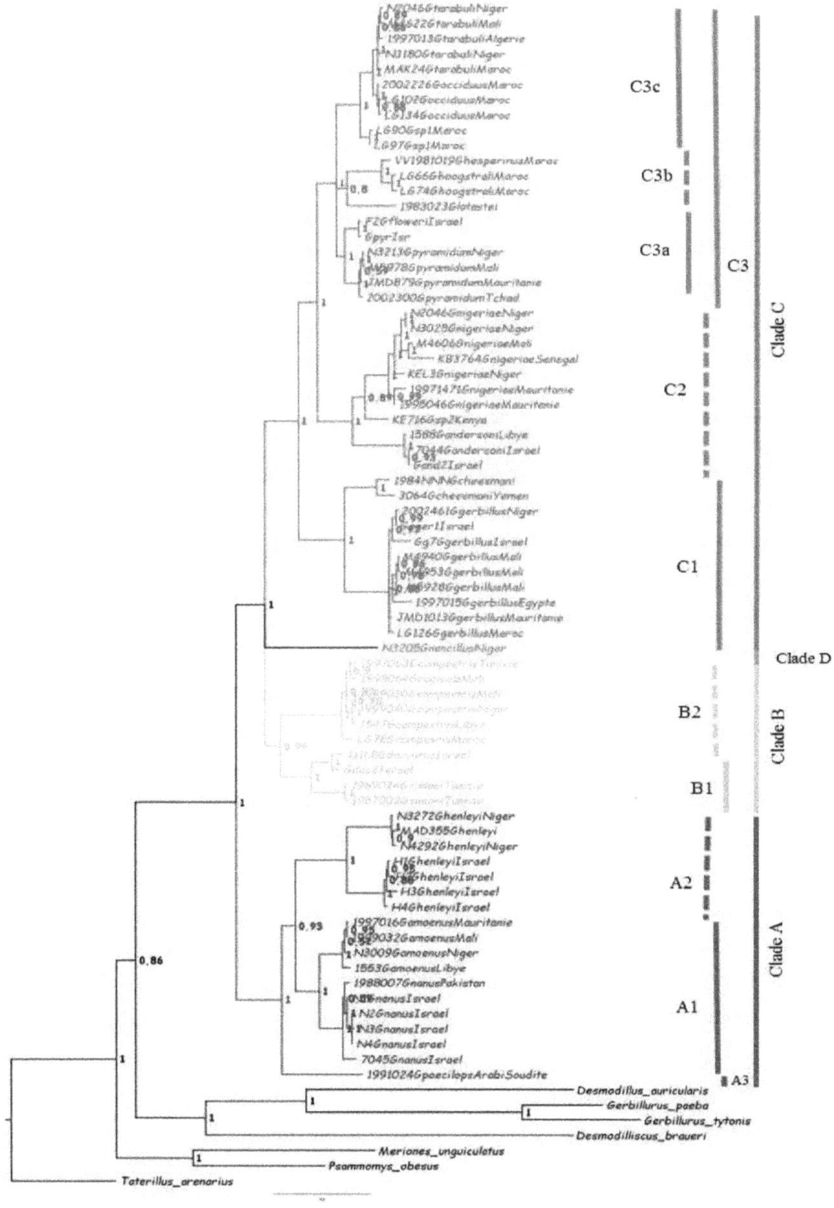

Figure II.10- Reconstruction des relations phylogénétiques dans le genre *Gerbillus* à partir des données de séquences combinées du cyt b et de l'IRBP par la méthode de l'inférence bayésienne (IB, GTR+I+G, 10.000.000 générations).

II.3.4. Datations moléculaires

Les résultats obtenus (Figure II.11 et tableau II.4) permettent de dater l'origine (dans le sens du début de la diversification du genre en différentes lignées) du genre *Gerbillus* à un peu moins de 4Ma (3,06-4,78Ma). Pour ce qui est des dates d'origine des 4 principaux clades décrits ci-dessus (A, B, C et D), elles se placent principalement au début du Pléistocène considéré ici comme débutant il y a 2,588Ma (fr.wikipedia.org/wiki/Pléistocène) avec le clade A qui occupe la position la plus basale et se diversifie autour de 2,5Ma tandis que le clade B le fait autour de 2,1Ma. Le clade C quant à lui se diversifie il y a un peu moins de 2,5Ma. Du fait que pour le clade D nous n'avons qu'un seul individu, l'apparition de ce clade n'a pas pu être datée, cependant la séparation entre les clades D et B est estimée à environ 2,7Ma (2,03-3,54Ma). Au niveau spécifique, dans le clade A, l'émergence de l'espèce *G. henleyi* est datée autour de 1,1Ma tandis que celle concernant l'ensemble *G. nanus* / *G. amoenus* serait légèrement plus récente (0,98 Ma). Dans le clade B, l'émergence des deux sous-clades B1 (*G. simoni* / *G. dasyurus*) et B2 (*G. campestris* / *G. rupicola*) est supposée survenir il y a 0,98Ma et autour de 0,40 Ma respectivement. Enfin le dernier clade C présente des intervalles de temps de divergence estimés à 0,88 - 1,84Ma pour l'ensemble C1 le plus basal (*G. gerbillus* / *G. cheesmani*), à 0,86-1,66Ma pour le sous-clade C2 (*G. andersoni* / *G. nigeriae* – *Gerbillus* sp2) et à 0,91-1,73Ma pour le sous-clade C3. L'ensemble des événements ainsi présentées montrent une diversification assez récente (< 1Ma), située au cours du Pléistocène, de la majorité des espèces.

Tableau II.4- Dates d'émergence (cf. texte) des principaux clades rencontrés

Nœud	95 % HPD (Ma)	Age moyen (Ma)
Origine *Gerbillus*	3,06-4,78	3,85
Clade A	1,74-3,23	2,46
Clade B	1,45-2,94	2,18
Clade C	1,83-3,02	2,39
Clade D+B	2,03-3,54	2,77
TMRCA A1 (*G. nanus*/*G. amoenus*)	0,59-1,45	0,98
TMRCA A2 (*G. henleyi*)	0,68-1,57	1,10
TMRCA B1 (*G. simoni*/*G. dasyurus*)	0,55-1,45	0,98
TMRCA B2 (*G. campestris*/*G. rupicola*)	0,23-0.6	0,40
TMRCA C1 (*G. gerbillus*/*G. cheesmani*)	0,88-1,84	1,34
TMRCA C2 (*G. andersoni*/*G. nigeriae_Gerbillus* sp2	0,86-1,66	1,24
TMRCA C3 (*G. pyramidum*/*G. floweri*/*G. hoogstrali*/*G. latastei*/*G. hesperinus*/*G. tarabuli*/ *G. occiduus*/*Gerbillus* sp1)	0,91-1,73	1,30
TMRCA C3a (*G. pyramidum*)	0,29-0,85	0,55
TMRCA C3b (*G. hoogstrali*/*G. latastei*/*G. hesperinus*)	0,65-1,43	1,02
TMRCA C3c (*G. tarabuli*/*G. occiduus*/ *Gerbillus* sp1)	0,29-0,67	0,47

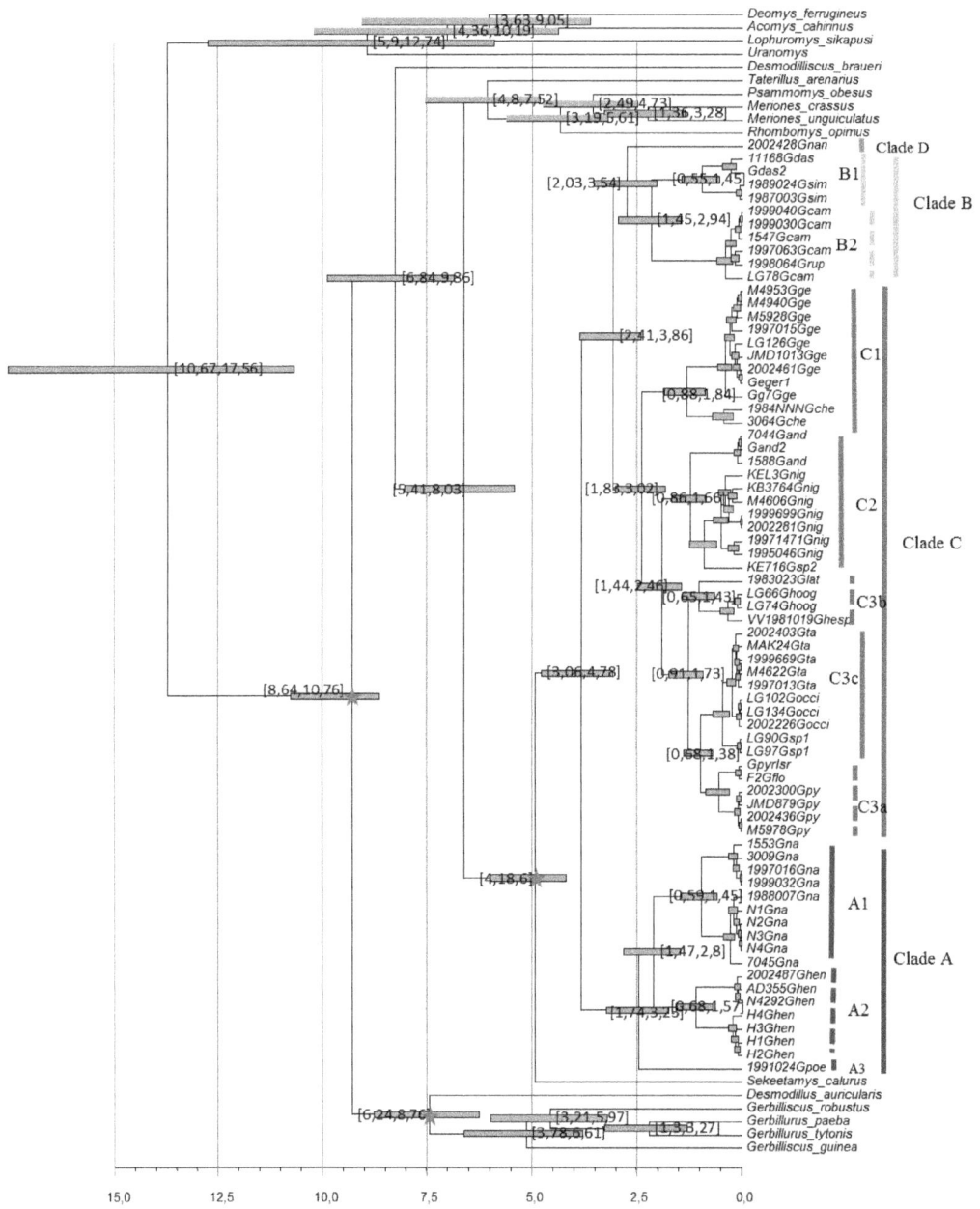

Figure II.11- Arbre phylogénétique obtenu par l'inférence bayésienne (IB) avec les intervalles d'estimation de temps de divergence (High Probability Density [HPD] à 95%, en Ma) présentés aux nœuds principaux. Les trois étoiles en rouges correspondent aux trois points de calibration utilisés.

II.4. Discussion

II.4.1- Systématique évolutive du genre *Gerbillus* et implications taxonomiques

De manière générale, les résultats obtenus dans ce chapitre montrent sans ambiguïté que *Gerbillus* est monophylétique, résultat soutenu par de fortes valeurs de support statistique au nœud correspondant à l'émergence de ce taxon, à partir des différentes matrices de séquences traitées et avec les différentes méthodes utilisées. Des résultats similaires sont obtenus par Abiadh *et al.* (2010) sur quelques espèces de Tunisie, par Ndiaye *et al.* (2012) sur quelques espèces (principalement du Maroc) et par Chevret et Dobigny (2005) malgré le peu de spécimens référables au genre *Gerbillus* étudiés par ces derniers auteurs dans leur étude de la sous-famille des Gerbillinae. Notre étude qui prend en compte un grand nombre d'espèces couvrant une part significative de l'aire de répartition du groupe constitue donc la première à cette échelle dans le genre *Gerbillus*.

II.4.1.1- Phylogénie du genre *Gerbillus*

Nos résultats tendent à valider l'option retenue par Lay (1983) ou Granjon (2013) contrairement à Musser et Carleton (2005), selon laquelle *Dipodillus* ne doit pas être considéré comme un genre distinct au même titre que *Gerbillus*. En considérant, comme la plupart des auteurs, *Dipodillus* comme renfermant les espèces *G. dasyurus*, *G. simoni*, *G. campestris* et *G. rupicola* (notre Clade B), son élévation au rang de genre rendrait *Gerbillus* sensu lato paraphylétique. Il conviendrait alors de faire des 3 autres clades majeurs retrouvés dans nos analyses des genres distincts. Cependant les dates d'émergence estimées pour ces différents clades ne nous paraissent pas justifier un tel traitement. En effet, chez les Gerbillinae, l'émergence des genres a été datée entre 8,26 et 8,81 Ma pour le genre *Gerbilliscus* (Colangelo *et al.*, 2007) tandis que l'apparition du genre *Taterillus* est estimée entre 3,5 et 7Ma (Dobigny, 2002). L'origine du genre *Gerbillus* (sensu lato, i.e. incluant *Dipodillus*) est estimée à 4,12Ma (± 0,9Ma) d'après Chevret et Dobigny (2005). Nos résultats, conformes à ceux de Chevret et Dobigny (2005), Nesi (2007), Abiadh *et al.* (2010) et Ndiaye *et al.* (2012), confirment que la subdivision du genre *Gerbillus* en sous-genres est une solution plus conforme aux reconstructions et datations associées effectuées ici. En revanche, notre subdivision de *Gerbillus* en grands clades peut être mise en correspondance avec un découpage en sous-genres *Hendecapleura* (Clade A), *Dipodillus* (Clade B) et *Gerbillus* (Clade C) dont le début de la diversification se serait produite entre la fin du Pliocène et le début du Pleistocène. Cependant, nos résultats mettent aussi en évidence une quatrième subdivision (Clade D) correspondant, dans l'état actuel de notre échantillonnage, à la seule espèce *G. nancillus*, qui occupe une position ambiguë suivant les différentes méthodes de reconstructions utilisées mais qui semble émerger au cours de la même période que les autres clades majeurs. Les avis quant à la position phylogénétique de *G. nancillus* sont relativement rares dans la littérature du fait des faibles échantillons disponibles, mais ils reflètent bien l'incertitude qui a régné quant à cette question : Ellerman (1941), Petter (1968) et Musser et Carleton (2005) placent cette espèce dans le sous-genre *Gerbillus* malgré le fait qu'Ellerman lui-même (1941) considère *G. nancillus* comme intermédiaire entre les groupes « *Dipodillus* » et « *Gerbillus* ». Les résultats obtenus ici montrent clairement que *G. nancillus* constitue une lignée bien différenciée des clades majeurs de *Gerbillus*, et qu'à ce titre elle peut revendiquer un même rang taxonomique que ces derniers. En l'occurrence, elle pourrait correspondre à un quatrième sous-genre du genre *Gerbillus*. *Monodia* pourrait être un candidat pour nommer ce sous-genre, ayant été à l'origine créé par Heim de Balsac (1943, in Musser et Carleton, 2005) lors de la description de *Monodia mauritaniae*, parfois considéré comme synonyme de *Gerbillus nancillus* (voir Tranier et Jullien-Laffferière, 1990). L'historique de description de cette espèce (décrite à partir d'un spécimen, aujourd'hui perdu) et les doutes la concernant (voir Musser et Carleton, 2005) rendent cette proposition difficilement argumentable toutefois.

II.4.I.2- Implications taxonomiques

Pour ce qui est des clades A, B et C, ils semblent donc correspondre aux subdivisions les plus fréquemment rencontrées dans la littérature et définis ci-dessus comme les sous-genres *Hendecapleura*, *Dipodillus* et *Gerbillus* sensu stricto. Le sous-genre *Hendecapleura* (Clade A) occupe une position basale (avec diversification aux environs de 2,5Ma après différenciation du reste du genre vers 3,6 – 3,7Ma) et comprend parmi les espèces étudiées dans ce travail *G. nanus*, *G. amoenus* (le cas de ces deux espèces est décrit dans le chapitre I et dans Ndiaye *et al.*, 2013), *G. henleyi* et *G. poecilops*. En ce qui concerne *G. poecilops*, elle présente le même nombre diploïde que les autres représentants de ce clade (2n = 52) et d'après Volobouev *et al.* (1995), sur la base des données cytogénétiques, ces différentes espèces dériveraient du même ancêtre,et seraient caractérisés par un caryotype considéré par Qumsiyeh et Schlitter (1991) comme ancestral pour le genre *Gerbillus*. De plus, *G. poecilops* que nous retrouvons en position basale dans ce clade A, est taxée de « fossile vivant » par Volobouev *et al.* (1995), de par sa rétention de caractères chromosomiques plésiomorphes d'une part, et sa distribution réduites aux montagnes d'Arabie Saoudite d'autre part.

Ensuite, se différenciant dans des fourchettes de dates centrées autour de 2,5 – 2Ma, nous avons d'abord le sous-genre *Dipodillus* (daté à environ 2,1Ma), historiquement considéré comme un genre à part entière par certains auteurs (Lataste, 1881 ; Petter 1959, 1975b ; Cockrum *et al.*, 1976 ; Osborn et Helmy, 1980 ; Musser et Carleton, 2005 ; Pavlinov, 2008) et représenté dans cette étude par 4 espèces à savoir *G. rupicola*, *G. campestris*, *G. dasyurus* et *G. simoni*. Au sein de ce clade *Dipodillus*, les relations entre *G. campestris* et *G. rupicola* semblent ambiguës. En effet, dans toutes les analyses effectuées, le spécimen étudié de *G. rupicola* se retrouve « niché » au sein du clade *G. campestris*. *Gerbillus rupicola* décrite par Granjon *et al.* (2002) du centre du Mali, soit au sud de la distribution généralement reconnue de *G. campestris* présente un caryotype à nombre diploïde (2n = 52) différent de celui de *G. campestris* (2n = 56). La distance génétique (K2P) entre ces deux « espèces » est ici de 0.019, soit du même ordre que celle trouvée entre deux espèces, *G. tarabuli* / *G. occiduus*, non discutables car caractérisées (comme montré précédemment et publié dans Ndiaye *et al.*, 2012) par un faisceau de caractères convergents (distance K2P = 0.018). Ces données suggèrent soit i) que *G. rupicola* représente effectivement une espèce biologique distincte de *G. campestris* dont elle se serait chromosomiquement différenciée en un temps relativement court (moins de 500.000 ans d'après nos estimations de divergence) mais dont l'imparfait tri des lignées génétiques ne permettrait pas encore de la distinguer par les marqueurs utilisés ici ; ii) que nous sommes en présence d'une seule et même espèce caractérisée par du polymorphisme chromosomique, déjà par ailleurs connu chez *G. campestris* (Qumsiyeh et Schlitter, 1991). Dans cette dernière hypothèse, *G. rupicola* représenterait simplement une population (voire une sous-espèce) chromosomiquement différenciée, en marge du reste de la distribution de l'espèce. Une étude de cytogénétique comparée approfondie de ces 2 espèces permettrait d'apporter des éléments de réponse à cette alternative.

Le clade C qui comprend la majorité des espèces étudiées dans ce chapitre (*G. tarabuli*, *G. occiduus*, *Gerbillus* sp1, *G. latastei*, *G. hesperinus*, *G. hoogstrali*, *G. nigeriae*, *G. andersoni*, *Gerbillus* sp2, *G. gerbillus* et *G. cheesmani*) correspondrait donc au sous-genre « *Gerbillus* sensu stricto ». Au sein de ce groupe, nous avons retrouvé d'une part un ensemble constitué par trois spécimens supposés appartenir aux espèces *G. pyramidum*, *G. floweri* (ces deux spécimens d'origine israélienne) et *G. perpallidus* (spécimen d'origine égyptienne). Le cas de ces deux dernières espèces a déjà été traité dans le chapitre I sur la base de spécimens de collections et les résultats obtenus alors et ici convergent pour montrer la très grande proximité génétique des spécimens identifiés respectivement comme *G. floweri* et *G. perpallidus*, confirmant ainsi notre proposition de les considérer comme représentant la même espèce, soit *G. floweri*. A partir de là, on peut faire l'hypothèse dans le cas de l'individu « GpyrIsr », qu'il s'agirait plutôt d'une mauvaise identification de départ (prélèvement provenant d'un individu originaire du Désert du Negev dont il n'a pas été possible de vérifier la validité de l'appellation). Ce spécimen appartiendrait en fait à *G. floweri* tel que défini ici. Cette affirmation est d'autant plus plausible que cet individu correspond à l'haplotype 28 dans les résultats de Nesi (2007) qui se distingue de l'ensemble du réseau d'haplotypes de *G. pyramidum* par un nombre de pas mutationnels très élevé (32) suggérant ainsi une différence d'ordre spécifique entre ce spécimen et ceux de *G. pyramidum*. *Gerbillus floweri*, alors considéré comme incluant *G. perpallidus* et ce spécimen du désert du Negev, aurait alors une distribution au nord de l'Egypte de part et d'autre du delta du Nil (voir Figure I.18), jusqu'au sud d'Israël vers l'est. De façon plus générale, le cas du groupe des « grandes espèces à soles plantaires poilues » auquel appartient *G. floweri* et correspondant au clade C3 décrit ci-dessus a été détaillé dans Ndiaye *et al.* (2012) et dans le chapitre I. En plus de cette dernière espèce, il inclut *G. pyramidum*, *G. tarabuli*, *G. occiduus*, *G. latastei*, *G. hoogstrali*, *G. hesperinus* et *Gerbillus* sp.1. Les clades C1 (incluant ici *G. gerbillus* et *G. cheesmani*) et C2 (incluant ici *G. andersoni, G. nigeriae* et *Gerbillus* sp.2) sont les autres constituants du sous-genre *Gerbillus*. *Gerbillus gerbillus* et *G. cheesmani* (clade C1) retrouvées dans les différentes analyses précédemment effectuées en position de groupe-frère des clades C2 + C3 montrent une distance génétique K2P de 0,109 entre elles. Certains auteurs comme Petter (1975b) ont considéré *G. cheesmani* comme une sous-espèce de *G. gerbillus* tandis que la plupart, tels que Ellerman et Morrison-Scott (1951), Lay et Nadler (1975), Lay (1983), Musser et Carleton (2005), en font une espèce à part entière. Leurs caryotypes ont été présentés par Lay et Nadler (1975), montrant 2n = 40 pour *G. cheesmani* et 2n = 42/43 pour *G. gerbillus*. Ces données moléculaires et chromosomiques combinées confirment qu'il s'agit bien de deux espèces différentes. Enfin, dans le clade C2, nous retrouvons *G. andersoni* (2n = 40) qui a parfois été considérée comme sous-espèce de *G. gerbillus* sur la base des données morphologiques principalement (taille, et couleur du pelage), en particulier par Setzer (1958) et par Ellerman et Morrison-Scott (1951). Nos résultats moléculaires montrent plutôt une proximité de *G. andersoni* avec *G. nigeriae* (distance K2P de 0,079), tandis que la distance génétique entre *G. andersoni* et *G. gerbillus* (appartenant au sous clade C1) et de 0,121. Ce rapprochement entre *G. andersoni* et *G. nigeriae* n'a à notre connaissance jamais été évoqué, probablement du fait que ces deux espèces occupent des espaces biogéographiques très différents (extrême nord de la Libye et de l'Egypte pour la première, zone sahélienne pour la seconde, voir cartes dans Happold, 2013) et qu'elles sont par ailleurs assez différentes morphologiquement. Dans ce sous-clade C2, nous avons aussi retrouvé un individu provenant du Kenya dénommé ici *Gerbillus* sp2 et dont l'identification pose problème. Les données moléculaires montrent qu'il constituerait une lignée à part, groupe-frère de *G. nigeriae* avec qui elle présente une distance génétique K2P de 0,066. Cette valeur est nettement supérieure à celle trouvée, par exemple, entre *G. occiduus* et *G. tarabuli* (0,018) ou entre *G. campestris* et *G. rupicola* (0,019, mais voir remarques ci-dessus concernant ces deux « espèces »). Bien que ce seul argument ne soit pas suffisant pour considérer ce spécimen du Kenya comme une espèce distincte de *G.* nigeriae, cette hypothèse apparaît cependant hautement probable, ne serait-ce que pour des raisons biogéographiques. En effet, ce spécimen estoriginaire de la localité de Todenyang à la limite entre le Kenya, le Soudan et l'Ethiopie, soit loin à l'est de la limite actuellement connue de *G. nigeriae* qui se situerait au Tchad (Granjon et Duplantier, 2009). A la date d'aujourd'hui, la diversité des rongeurs (Gerbillinae en particulier) de cette zone biogéographique a peu été étudiée par approches moléculaires. De la même manière, peu de données sont disponibles concernant la taxonomie traditionnelle des gerbilles en Afrique de l'Est avec seulement quelques références qui concernent soit l'ensemble de l'aire de répartition du genre (Lay, 1983 ; Musser et Carleton, 2005), soit l'Afrique (Granjon, 2013), soit uniquement l'Afrique de l'Est (Kingdon, 1974) ou plus spécifiquement le Soudan (Setzer, 1956). Sur la base de ces références, un total de 13 espèces pour la région est-africaine au sens large peuvent être listées (voir Chapitre I), parmi lesquelles seules deux espèces (*G. harwoodi* et *G. pusillus*) seraient présentes au Kenya (Musser et Carleton, 2005). Une étude plus ciblée et détaillée à partir de la morphologie et la morphométrie corporelle et crânio-dentaire des spécimens de collection disponibles pour ces individus devra être effectuée afin de les identifier sans ambigüité.

Chapitre III : Phylogéographique comparée de six espèces de *Gerbillus* dans la zone saharo-sahélienne

III.1- Généralités

Le désert du Sahara représente une unité biogéographique particulière, en particulier du fait du taux d'endémisme des communautés qui le peuplent. Chez les mammifères ce sont 20% des espèces qui y sont endémiques (Kowalski et Rzebik-Kowalska, 1991). Ce désert, mis en place au cours du Pliocène il y a environ 7 millions d'années (Schuster *et al.*, 2006) et s'étendant aujourd'hui sur près de 9 millions de km² et une dizaine de pays (Figure III.1), présente une grande variété d'habitats avec, pour ce qui est de la nature des sols par exemple, un gradient allant de zones de sables vifs à des zones rocheuses (Figure III.2).

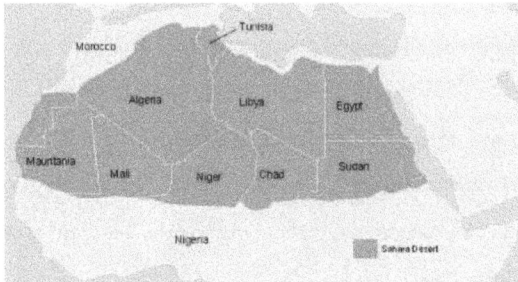

Figure III.1- Le désert du Sahara de nos jours

Figure III.2- Diversité des types de sols dans le désert du Sahara (à gauche: sols sableux ; à droite: sols rocheux)

On s'accorde aujourd'hui pour considérer que le Sahara a subi au cours de son histoire de fortes variations climatiques et environnementales (deMenocal, 1995 ;

2004 ; Schuster *et al.*, 2006), ainsi que l'ont montré diverses études basées sur le climat, la paléontologie, la palynologie ou encore la géomorphologie (Suc, 1983; Faure, 1984; Miskovsky, 1983). En particulier, le désert semble avoir littéralement disparu entre 2 et 3 Ma suite à un long épisode humide qui s'est achevé par une phase pluviale très marquée vers 1,6 Ma, immédiatement suivie par une période d'hyper-aridité vers 1,5 Ma (Rognon, 1993). Entre 1,5 Ma et 40000 ans, il est presque impossible de définir précisément les paléoclimats sahariens. On sait toutefois qu'ils ont été soumis à de très fortes variations cycliques dont la fréquence a varié selon la période considérée (deMenocal, 2004). Les données paléo-environnementales sont mieux documentées pour les derniers 40000 ans où le Sahara subit progressivement une aridification jusqu'au maximum d'aridité estimé à -18000 ans (correspondant au maximum glaciaire du Paléarctique). Par la suite, une phase plus humide entre 12000 et 6000BP aurait conduit au « Sahara vert » (Kröpelin, *et al.*, 2008; Sereno *et al.*, 2008; Vignaud *et al.*, 2002; Figure III.3). Des analyses palynologiques basées sur des sédiments lacustres holocènes montrent que ces changements climatiques ont entraîné d'importantes variations dans la répartition des écosystèmes et la biodiversité des zones désertiques (Lezine, 2007, 2009).

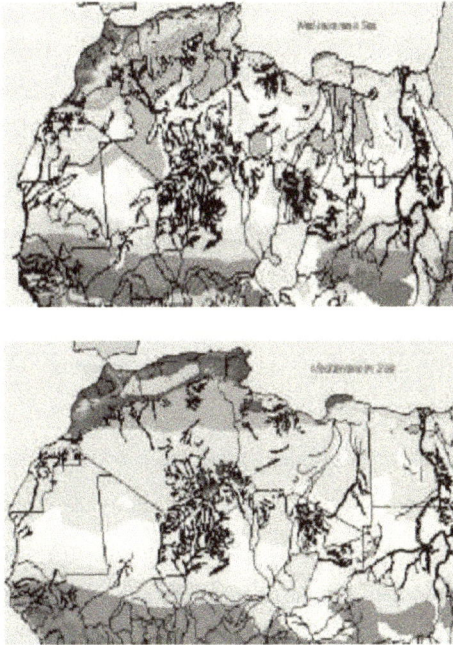

-8000 ans: forte rétraction du désert

Épisode humide accompagné d'une contraction du désert très importante (12000-6000 ans).

Dunes de sables

Végétation désertique

Arbustes nains

Végétation contractée

Savane herbacée

Savane arborée

Vers -5000 ans: Reprise progressive de l'aridification

Figure III.3- Exemple de variation climatique survenu au Sahara à l'Holocène

Les changements subis par l'espace saharien ont eu des conséquences sur la structuration et la répartition géographique des lignées génétiques dans plusieurs groupes d'espèces inféodées à ce milieu mais jusqu'à récemment ces processus avaient été très peu étudiés (Douady *et al.*, 2003). Quelques exemples récents peuvent toutefois être cités. En se limitant aux études sur les Vertébrés terrestres, les reptiles apparaissent comme régulièrement utilisés pour aborder ces questions relatives au rôle des variations environnementales spatio-temporelles au Sahara dans la diversification des taxons (Carranza *et al.*, 2008 chez les lézards de la famille des Scincidae ; Rato *et al.*, 2007 chez les serpents du genre *Psammophis* ; Metallinou *et al.*, 2012 chez les Gekkonidae du genre *Stenodactylus*). Les oiseaux ont également donné lieu à différents travaux, en particulier ceux de Guillaumet *et al.* (2005, 2008), chez les passeraux du genre *Galerida*, et Fush *et al.* (2011) chez les pies-grièches du genre *Lanius*. Chez les mammifères, Douady *et al.* (2003) ont montré que le désert du Sahara a joué le rôle d'agent vicariant en provoquant la séparation entre deux taxons du genre *Elephantulus* (famille des Macroscelidae) au cours du Miocène, époque où le Sahara devenait de plus en plus aride. D'autre part, les fluctuations climatiques subies par le Sahara au cours du Quaternaire, auraient été à l'origine d'une forte structuration génétique dans le genre *Acomys* (Rongeurs, Deomyinae ; Nicolas *et al.*, 2009) en Afrique de l'Ouest, mais aussi dans le genre *Jaculus* (Rongeurs, Dipodidae ; Ben Faleh *et al.*, 2012) et chez *Gerbillus campestris* (Nicolas *et al.*, accepté) dans l'ensemble de l'Afrique du Nord jusqu'à la zone saharo-sahélienne. Dans ce contexte, à partir des importantes variations subies par le désert du Sahara et avec les informations en notre possession sur l'écologie des différentes espèces-cibles de ce travail, nous pouvons tenter d'émettre puis de tester les hypothèses suivantes concernant la démographie passée des populations du genre *Gerbillus* inféodées à cet espace saharien. De façon générale, les épisodes humides qui s'accompagnent d'une contraction du désert correspondent à une réduction de surface des habitats favorables aux espèces de milieux arides que sont les Gerbilles. Leurs populations doivent alors passer par des phases de faibles effectifs. On peut penser que cette tendance est d'autant plus affirmée que l'espèce est i) d'affinité saharienne, et que par contre les espèces à affinités plus sahéliennes auraient été moins soumises à ces fluctuations ; ii) inféodée aux milieux sableux, et en particulier aux milieux de sable vif ayant subi une réduction plus marquée de leur extension en période humide où la végétation était abondante et « fixait » les sols. En revanche, lors des épisodes plus secs, l'extension spatiale du milieu de prédilection de ces espèces augmente. On s'attend alors en particulier à ce que les espèces inféodées aux milieux les plus arides (voire les plus sableux), subissant les plus fortes variations d'extension spatiale et de tailles de populations associées, présentent de fortes signatures d'expansion démographique lors du rétablissement de conditions arides. De leur côté, les espèces plus sahéliennes et/ou inféodés à un milieu induré voire même rocheux ou les espèces moins spécialisées d'un point de vue écologique auraient subi moins de fluctuations démographiques dans le temps et l'espace et auraient donc une signature phylogéographique différente (stabilité de population depuis plus longtemps). L'objectif de ce chapitre est donc de tenter de retracer l'histoire démographique récente de six espèces du genre, à affinités biogéographique et préférences écologiques contrastées, en effectuant une analyse phylogéographique comparée de leurs populations dans l'espace saharien et péri-saharien. Dans un premier temps nous allons tenter de caractériser les préférences écologiques (en particulier le type de sol sur lequel on les rencontre) de ces six espèces en analysant les données de capture et les informations éco-géographiques associées. Par la suite, à partir du gène mitochondrial du cytochrome b nous allons tenter de mettre en évidence d'éventuelles signatures génétiques permettant de retracer les différents événements démographiques qui auraient façonné l'histoire évolutive récente de ces espèces.

III.2- Matériel et Méthodes

III.2.1- Zone d'étude

Pour des questions de représentativité de l'échantillonnage, la zone d'étude a été limitée aux six pays de la zone saharo-sahélienne ouest africaine (Burkina-Faso, Mali, Mauritanie, Niger, Sénégal, Tchad) tel qu'indiqué dans la figure III.4. Les échantillons étudiés ont été récoltés à partir d'individus capturés par les équipes IRD-CBGP selon les protocoles décrits dans le chapitre I ou transmis par divers collaborateurs extérieurs. Six espèces (*G. gerbillus*, *G. pyramidum*, *G. tarabuli*, *G. amoenus*, *G. henleyi* et *G. nancillus*), parmi les plus largement répandues dans cet espace géographique, ont été étudiées dans ce chapitre.

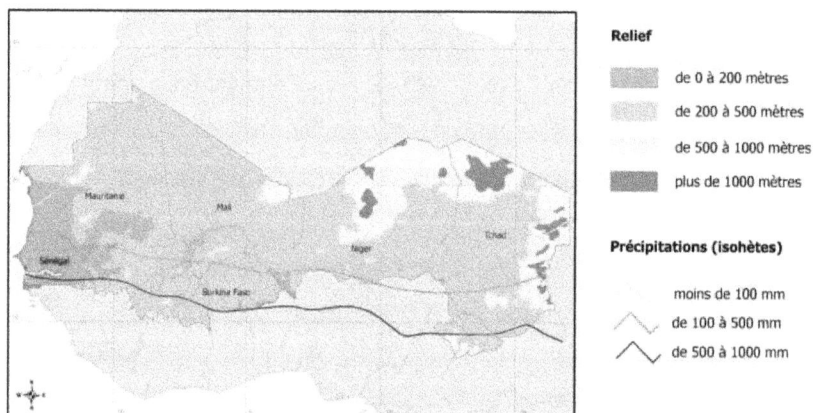

Relief

- de 0 à 200 mètres
- de 200 à 500 mètres
- de 500 à 1000 mètres
- plus de 1000 mètres

Précipitations (isohètes)

- moins de 100 mm
- de 100 à 500 mm
- de 500 à 1000 mm

Figure III.4- Zone d'étude saharo-sahélienne des six espèces de rongeurs du genre *Gerbillus*

III.2.2- Préférences écologiques des espèces

III.2.2.1- Collecte des informations

La collecte des informations concernant les individus étudiés ici s'est faite à partir de la BDRSS (Base de Données des Rongeurs Sahélo-Soudanien) qui renferme des données associées à un total de 25665 spécimens de rongeurs, parmi lesquels 2874 du genre *Gerbillus*. Il s'est agi ici de récupérer à partir de cette base de données les informations suivantes sur les individus étudiés : nom d'espèce, pays et localité de capture, informations géographiques liées aux points de capture (latitude et longitude), et informations renseignées par le collecteur concernant l'environnement immédiat des spécimens concernés. Pour la suite des analyses, nous nous sommes limités à l'information concernant le type de sol du fait que c'est la plus régulièrement renseignée pour chaque individu, et qu'elle nous paraissait à même d'effectuer une classification des espèces étudiées selon des catégories utiles à l'interprétation des résultats phylogéographiques. Une fois ces informations extraites de la BDRSS et afin d'uniformiser ces données, nous avons classé par catégories l'information « type de sol » en fonction des renseignements fournis par les collecteurs. Nous avons ainsi distingué 5 catégories de sol: sableux vif (sans végétation), sableux (sable plus ou moins fixé, avec végétation), induré (sablo-

112

argileux, souvent en zone de bas-fond à humidité saisonnière), rocheux et mixte (mosaïque sableux/rocheux). Pour être rigoureux, nous n'avons pris en compte que les individus dont l'identité spécifique est sûre d'après les données moléculaires, morphologiques et /ou cytogénétiques obtenues dans le chapitre I.

III.2.2.2- Traitement de l'information

Les données ainsi recueillies ont été organisées en un tableau de contingence avec les 6 espèces (*G. pyramidum*, *G. tarabuli*, *G. gerbillus*, *G. nancillus*, *G. amoenus* et *G. henleyi*) en ligne et les 5 types de sol (sableux vif, sableux, mixte, induré et rocheux) en colonnes. Les effectifs observés de chaque espèce dans chaque milieu ont été comparés à des effectifs théoriques générés sous l'hypothèse H_0 d'une répartition similaire des différentes espèces dans les différents milieux par un Khi-2 (à 20 degrés de liberté). La contribution au Khi-2 des différentes cellules a été examinée en détail, afin d'identifier les principales tendances à la sur- ou sous-représentation d'une espèce sur un type de sol donné.

III.2.3- Etude phylogéographique

III.2.3.1- Obtention des séquences de cytochrome b

L'ADN a été extrait à partir de tissus (bout d'oreille, de pied, foie…) conservés en éthanol 95° suivant le protocole décrit dans le chapitre I. Deux paires d'amorces ont été utilisées pour limiter les risques de copies nucléaires qui semblent récurrents dans ce genre, comme décrit dans le chapitre II et souligné par Dobigny (2002). Les séquences obtenues ont été corrigées, vérifiées et alignées à l'aide de BioEdit v7.1.3.0 (Hall, 1999) et Seaview v4.2.12 (Gouy *et al.*, 2010).

III.2.3.2- Reconstructions phylogénétiques

Après en avoir enlevé toutes celles, ambiguës, présentant des délétions et/ou insertions (indel) ou encore des codons stop, les séquences d'ADN obtenues ont été déposées (ou vont l'être sous peu) dans la base de données GenBank (annexe 2). Les analyses ont été effectuées pour chacune des six espèces (G. *amoenus*, G. *henleyi*, G. *nancillus*, G. *pyramidum*, G. *tarabuli* et G. *gerbillus*), avec pour chacune de ces espèces, une espèce proche parente (d'après les analyses effectuées dans le chapitre II) utilisée comme groupe externe (G. *henleyi*, G. *amoenus*, G. *campestris*, G. *latastei*, G. *occiduus* et G. *tarabuli* respectivement). Nous avons testé le modèle d'évolution le plus approprié à appliquer à nos différents jeux de données avec le logiciel jModeltest v0.1.1 (Posada, 2008). Le modèle retenu a été utilisé pour les traitements par inférence bayésienne (IB) en utilisant les Chaînes de Markov Monte Carlo (MCMC) à l'aide de MrBayes v3.1.2 (Huelsenbeck et Ronquist, 2001; Ronquist et Huelsenbeck, 2003). Deux analyses de MCMC ont été réalisées de manière indépendante avec pour chaque analyse 10.000.000 générations et un échantillonnage effectué chaque 100 générations. Par la suite, les premiers 25% des arbres échantillonnés ont été rejetés (burn-in). Les probabilités postérieures (Pp) ont été utilisées afin de tester de la solidité des nœuds ainsi obtenus. Cependant à un niveau intraspécifique, les variations génétiques sont peu nombreuses et la méthode décrite plus haut a un faible pouvoir de résolution, d'où l'utilité de construire des réseaux d'haplotypes reliant les haplotypes les plus proches entre eux, en parallèle des arbres phylogénétiques (Crandall et Templeton, 1996). Ainsi, des réseaux d'haplotypes ont-ils été construits à partir de la méthode « Minimum Spanning Network », sous Arlequin v3.5.1.2 (Excoffier 2009).

III.2.3.3- Diversité génétique

Sous DNAsp v5.10 (Roza*set al.*, 2010), nous avons déterminé plusieurs paramètres de diversité génétique telle que le nombre d'haplotype (H), le nombre de sites polymorphes (S), le nombre de mutation (Eta). La diversité nucléotidique (π) et la diversité haplotypique (h) ont aussi été estimées. Interprétés ensemble, ces 2 paramètres permettent d'inférer les grandes lignes de l'histoire démographique récente d'une population. Quatre cas peuvent se présenter (Avise, 2000 ; Comas *et al.*, 2004):

☐ Fort h et fort π témoignent d'une population stable à forte taille efficace (ou peuvent être un signal d'admixture à partir de populations ayant été isolées les unes des autres);

☐ Fort h et faible π suggèrent une croissance démographique rapide à partir d'une population ancestrale à faible taille efficace, depuis un temps suffisant pour un rétablissement de h par mutation, mais trop court pour l'accumulation de fortes différences de séquences;

☐ Faible h et faible π signalent un goulot d'étranglement démographique sévère et prolongé (ou un « balayage sélectif »);

☐ Faible h et fort π signalent un bottleneck éphémère dans une grande population, éliminant de nombreux haplotypes sans impacter π (ou peuvent aussi refléter l'admixture d'échantillons provenant de petites populations subdivisées).

III.2.3.4- Histoire démographique

Pour évaluer l'histoire démographique récente au sein des groupes constitués, nous avons effectué divers tests démo-génétiques :

☐ Le test D de Tajima (Tajima, 1989) compare le nombre de sites ségrégant au nombre moyen de différences nucléotidiques entre séquences dans un échantillon. Dans une population de taille constante, le D de Tajima est non significativement différent de 0. Les valeurs négatives sont généralement interprétées comme un signal de sélection ou alternativement comme un signe d'expansion démographique. Sous DNAsp, lorsque la valeur de P est <0.10, le test est considéré significatif et témoigne d'une population en expansion, tandis qu'une valeur de P>0.10 est le signal d'une population stable (Excoffier *et al.*, 2005).

☐ Le test de Fu (Fu, 1997) appelé Fs teste la probabilité d'observer un nombre donné d'haplotypes dans une population donnée. Il détecte un excès d'allèles dans une population en croissance par rapport au nombre attendu dans une population stable, par comparaison aux valeurs attendues sous hypothèse de stabilité démographique.

Dans ce test généralement utilisé pour les grands échantillons, des valeurs de Fs significativement négatives sont interprétées comme le signal d'une expansion démographique (Tajima 1989, Fu 1997).

☐ Les courbes de « mismatch distribution » ont été construites, comme représentations graphiques de la distribution des distances génétiques entre individus d'une population pris 2 à 2. Dans un modèle « croissance-déclin », une expansion démographique récente est généralement associée à une distribution unimodale ou «en cloche» (Figure III.5), tandis qu'une stabilité démographique est inférée lorsque la courbe a une distribution mulmtimodale (Figure III.5 ; Rogers et Harpending, 1992 ; Slatkin et Hudson, 1991 ; Excoffier, 2004).

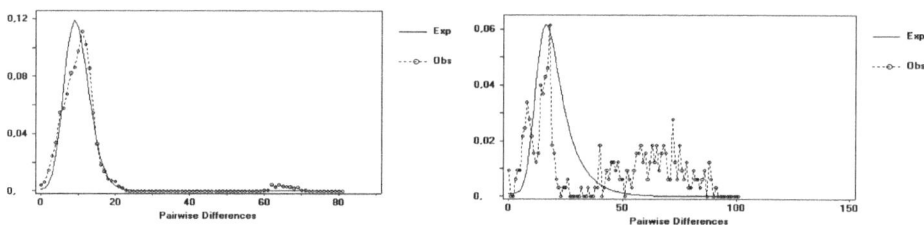

Figure III.5- Courbes de « mismatch distribution » suivant un modèle de croissance-déclin (à gauche : expansion démographique ; à droite : stabilité gémographique)

☐ Par la suite nous avons tenté de dater les différents événements de démographie passée suivant un modèle bayésien basé sur la théorie de la coalescence, appelé Bayesian Skyline Plot (BSP). C'est un modèle démographique qui permet d'estimer la dynamique passée d'une population au cours du temps à partir des données de séquences actuelles (Drummond et Rambaut, 2005 ; Ho et Shapiro, 2011). Nous avons appliqué le même modèle d'évolution précédemment sélectionné lors les analyses des reconstructions phylogénétiques. Le nombre de groupe pour chacune des espèces a été fixé à 10 avec le modèle skyline « Piecewise-constant » appliqué au BSP. Une horloge moléculaire relâchée a été utilisée avec une estimation du taux de substitution. L'approche bayésienne avec les chaînes MCMC sous Beast v1.7.5 (Drummond *et al.*, 2006) a été utilisée avec deux essais indépendants de 10 millions de générations chacun. Les arbres ont été échantillonnés toutes les 1000 générations et après vérification de la convergence des chaînes sous Tracer v1.5 (Drummond et Rambaut, 2007), les10% des premiers arbres ont été rejetés (burn-in) sous Treeannotator v1.7.5 afin de ne considérer que les arbres les plus crédibles.

Pour compléter ces analyses, des tests d'isolements par la distance (IBD) ont été réalisés en ligne (Jensen *et al.*, 2005) sur le site Isolation By Distance Web Service (IBDWS) (http://ibdws.sdsu.edu/) à l'aide du test de Mantel. Ce dernier permet de tester s'il existe une corrélation significative (R de Mantel) entre les matrices de distances génétiques (Nombre moyen de substitution calculée sous Arlequin) et géographiques (calculées en kms à partir des coordonnées GPS en latitude/longitude WGS84 à l'aide d'une base de données PostgreSQL 9.1 grâce à l'extension PostGIS 2.0.1 par S. Piry, Ingénieur d'étude INRA, CBGPde Montpellier). Les régressions linéaires effectuées sur ces différentes matrices et les tests des coefficients de corrélation calculés (R^2) sont une autre façon d'apprécier la significativité de ces corrélations (fortes ou non) entre ces deux matrices, pour chaque espèce.

III.3- Résultats

III.3.1- Analyse non spatialisée des préférences écologiques des espèces

III.3.1.1- Individus collectés

Pour les six espèces que nous avons étudiées, les informations sur 429 individus ont pu être collectées dans la BDRSS, dont le détail est explicité dans le tableau III.1 ci-dessous.

Tableau III.1- Nombres d'individus obtenus pour les analyses écologiques non spatialisées

Espèces	Nombre	Pays
G. tarabuli	152	Niger, Mali, Mauritanie, Sénégal
G. pyramidum	90	Mali, Tchad, Niger, Mauritanie
G. amoenus	61	Mali, Niger, Tchad, Mauritanie
G. nancillus	48	Niger, Mali, Sénégal
G. henleyi	23	Niger, Mali, Mauritanie, Tchad, Sénégal, Burkina Faso
G. gerbillus	55	Mali, Mauritanie, Niger
Total	429	Mali, Tchad, Niger, Mauritanie, Sénégal, Burkina Faso

Ces individus ainsi collectés sont diversement répartis dans la zone étudiée (Figure III.6).

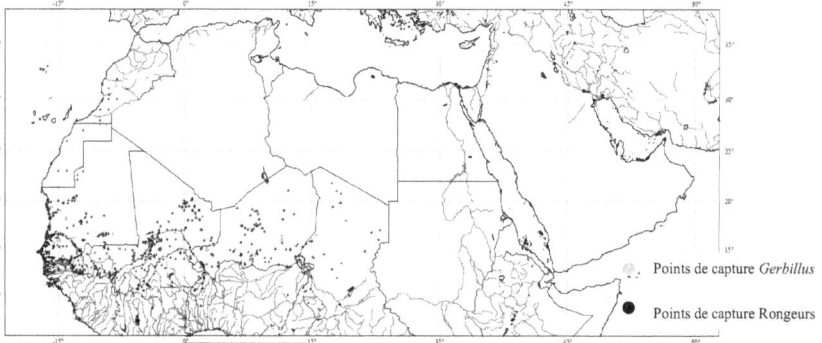

Figure III.6- Occurrence des espèces étudiées dans la zone saharo-sahélienne
(BDRSS)

III.3.1.2- Occurrence des espèces sur les différents types de sols

La distribution des différentes espèces sur les différents types de sols répertoriés est illustrée à la Figure III.7. La majorité des individus de toutes les espèces a été rencontrée sur sol sableux. Par ailleurs, *Gerbillus gerbillus* et *G. tarabuli* apparaissent comme les espèces les plus souvent trouvées sur sable vif (fréquences > 20%), et *G. amoenus* et *G.* henleyi comme les plus régulièrement rencontrées sur sols indurés (fréquences autour de 30%). *Gerbillus pyramidum*, *G. tarabuli* et *G. amoenus* ont l'amplitude de niche la plus large de ce point de vue (4-5 types de sols), alors que *G.*

nancillus et *G. gerbillus* n'ont été trouvées que sur un et 2 types de sol respectivement.

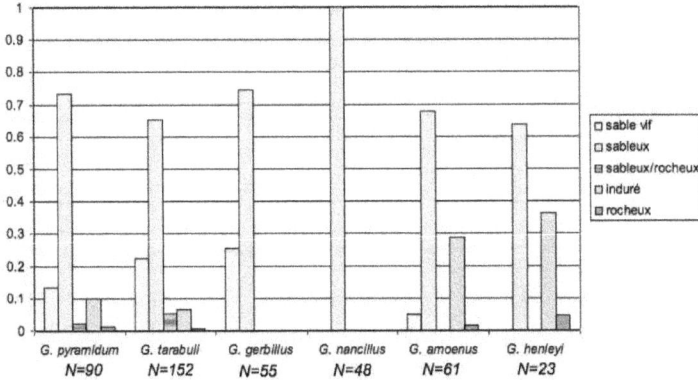

Figure III.7- Occurrence (en pourcentage d'individus / espèce) des espèces sur les différents types de sols considérés.

Le test de Khi-2 réalisé sur le tableau de contingence constitué (Tableau III.2) est très largement significatif (Khi-2 = 90,8, $p < 0.0001$). Les contributions majeures au Khi-2 sont liées à :

- une sur-représentation de *G. amoenus* et *G. henleyi* dans les milieux à sols indurés et, dans une moindre mesure, de *G. tarabuli* et *G. gerbillus* sur les sols à sable vif et de *G. nancillus* sur les sols sableux (les seuls où l'espèce a été trouvée)

- une sous-représentation de *G. gerbillus* sur les sols indurés, et de *G. nancillus* sur tous les sols autres que sableux.

Tableau III. 2- Effectifs observés et théoriques (en italique et entre parenthèses) des différentes espèces de *Gerbillus* sur les différents types de sols (données BDRSS). Les cellules participant le plus au Khi-2 global sont surlignés en jaune.

Espèce / milieu	Effectifs					Total
	sable vif	sableux	sableux/rocheux	induré	rocheux	
G. pyramidum	12 *(13,2)*	66 *(64,6)*	2 *(2,1)*	9 *(9,2)*	1 *(0,8)*	90
G. tarabuli	34 *(22,3)*	99 *(109,1)*	8 *(3,5)*	10 *(15,6)*	1 *(1,4)*	152
G. gerbillus	14 *(8,1)*	41 *(39,5)*	0 *(1,3)*	0 *(5,6)*	0 *(0,5)*	55
G. nancillus	0 *(7,1)*	48 *(34,5)*	0 *(1,1)*	0 *(4,9)*	0 *(0,5)*	48
G. amoenus	3 *(9,0)*	40 *(43,8)*	0 *(1,4)*	17 *(6,3)*	1 *(0,6)*	61
G. henleyi	0 *(3,4)*	14 *(16,5)*	0 *(0,5)*	8 *(2,4)*	1 *(0,2)*	23
Total	63	308	10	44	4	429

III.3.2- Phylogéographie comparée

Les échantillons disponibles des 6 espèces (*G. amoenus*, *G. nancillus*, *G. henleyi*, *G. pyramidum*, *G. tarabuli* et *G. gerbillus*) caractéristiques de la zone saharo-sahélienne représentent au total 227 individus [entre 17 et 61 / espèce] distribués dans un nombre variable [entre 9 et 45 / espèce] de localités des 6 pays de la sous-région à savoir le Burkina-Faso, le Mali, la Mauritanie, le Niger, le Tchad et le Sénégal (Figure III.8 ; Tableau III.3).

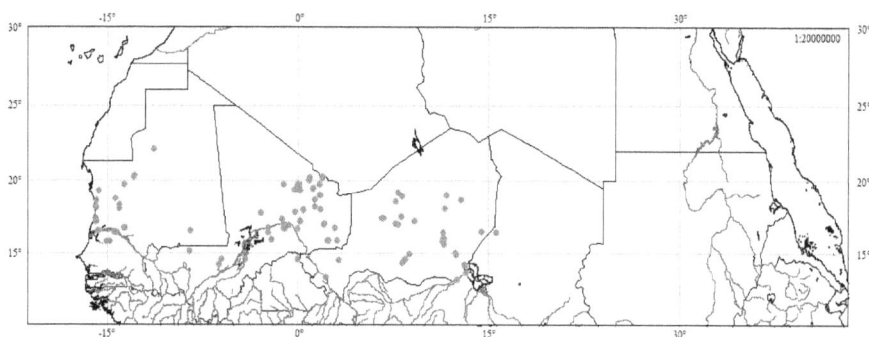

Figure III.8- Distribution géographique des individus du genre *Gerbillus* échantillonnés dans la zone saharo-sahélienne

Tableau III.3- Nombre d'individus par espèce dans les six pays échantillonnés

Espèce	Nombre d'individus	Pays	Nombre de localités
Gerbillus gerbillus	34	Mali, Mauritanie, Niger	16
Gerbillus henleyi	17	Burkina-Faso, Mali, Niger, Sénégal, Tchad	9
Gerbillus nancillus	33	Mali, Niger, Sénégal	14
Gerbillus amoenus	49	Mali, Mauritanie, Niger	27
Gerbillus pyramidum	33	Mali, Mauritanie, Niger, Tchad	17
Gerbillus tarabuli	61	Mali, Mauritanie, Niger	45

L'arbre phylogénétique obtenu (Figure III.9) montre des relations solides aux différents nœuds (Pp = 1). Les six espèces étudiées ici occupent les positions attendues (voir Chapitre II). Les dates de divergence entre les espèces sont présentées dans le tableau III.4 ci-dessous. Nous constatons que la majorité des événements de divergence a eu lieu au cours du Pléistocène (< 1Ma). Gerbillus henleyi et G. nanus, ont divergé vers 2,70Ma. A la même période nous avons la divergence entre l'espèce G. gerbillus et l'ensemble constitué par G. pyramidum et G. tarabuli estimée à 2,71Ma.

Tableau III.4- Dates estimées de diversification des espèces et de divergences entre lignées

Nœud daté	Age moyen (Ma)
Origine *G. henleyi*	0.89
Origine *G. nancillus*	0.84
Origine *G. gerbillus*	0,83
Origine *G. nanus*	0.85
Origine *G. tarabuli*	0.13
Origine *G. pyramidum*	0,84
Divergence *G. henleyi* -*G. nanus*	2.7
Divergence *G. pyramidum* -*G. tarabuli*	0.96
Divergence *G. gerbillus* -*G. pyramidum* /*G. tarabuli*	2.71
Divergence *G. nancilus* -*G. pyramidum* /*G. tarabuli* /*G.*	3.82
Divergence *G. nancillus* -*G. nanus* /*G. henleyi*	4.67

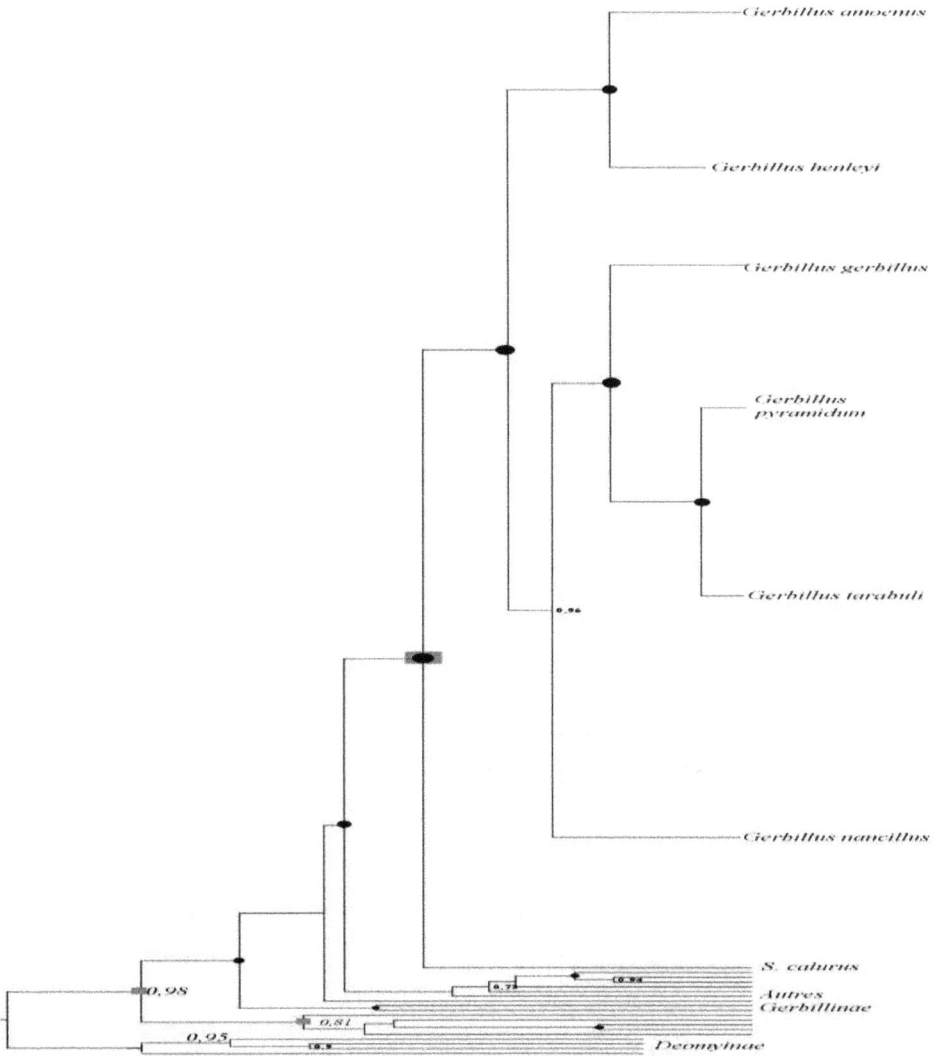

Figure III.9- Reconstruction phylogénétique des six espèces par inférence bayésienne (les points noirs aux différents nœuds représentent des valeurs de probabilité postérieure égale à 1 ; les carrrés rouges les points de calibration utilisées ; modèle d'évolution utilisé : GTR+I+G)

III.3.2.1- Phylogéographie de *Gerbillus nancillus*

Au total 33 individus ont été identifiés comme appartenant à l'espèce *G. nancillus*, provenant de 14 localités du Mali, du Niger et du Sénégal comme présentés dans la Figure III.10.

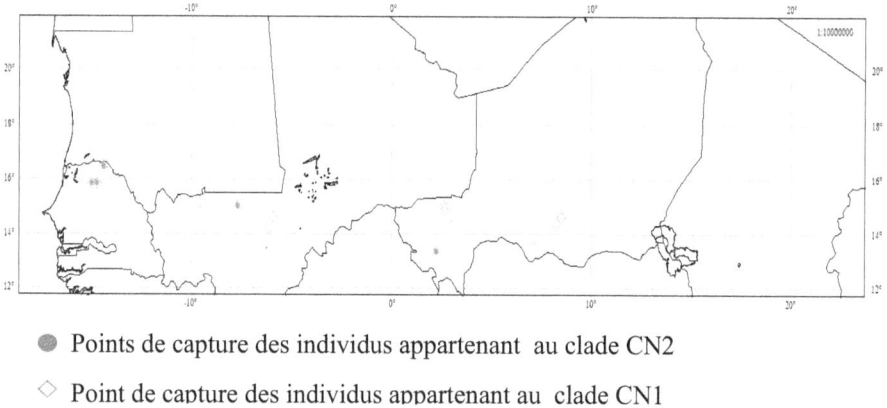

● Points de capture des individus appartenant au clade CN2

◇ Point de capture des individus appartenant au clade CN1

Figure III.10- Localités de capture de *G. nancillus* dans la zone d'étude

III.3.2.1.1- Reconstruction phylogénétique et réseau d'haplotypes

La reconstruction phylogénétique effectuée pour *G. nancillus* (Figure III.11) met en évidence un clade bien soutenu pour l'espèce (Pp = 1) avec cependant deux individus (Na4 et Na10) qui occupent une position basale par rapport à l'ensemble du reste des individus de l'espèce. Ensuite nous avons deux sous-clades pas bien soutenus. Le premier (CN2 ; Pp = 0,87) ne contient que des individus provenant du Sénégal et du Mali tandis que le second (CN1 ; Pp = 0,88) comprend le reste des individus provenant de l'ensemble des pays échantillonnés (Sénégal, Mali et Niger). L'analyse en réseau (Figure III.12) permet de visualiser les relations entre haplotypes et nous y retrouvons les deux sous-ensembles précédemment décrits : Un premier grand ensemble où on retrouve la majorité des haplotypes se distingue avec les haplotypes 14 et 22 qui se retrouvent au centre de ce groupe CN2. Le second groupe identifié dans les analyses phylogénétiques comme le sous-clade CN1 comprend 7 haplotypes dont l'haplotype 11 semble être le centre. Les individus correspondants aux différents haplotypes retrouvés sont présentés en Annexe 4.

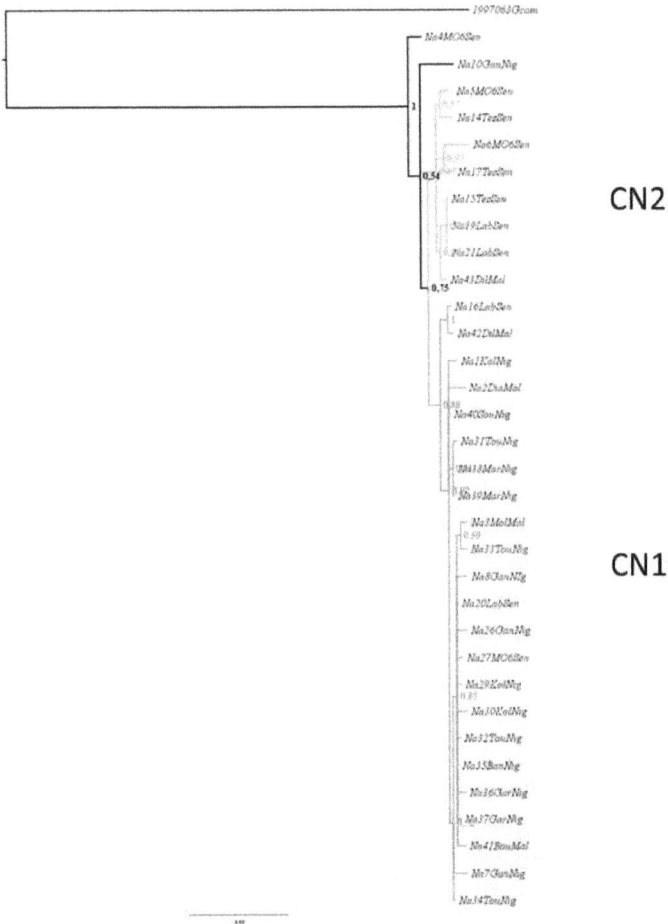

Figure III.11- Reconstruction phylogénétique par IB obtenue à partir du gène mitochondrial du cytb chez *G. nancillus* (ngen = 10.000.000, Modèle = GTR+I+G).

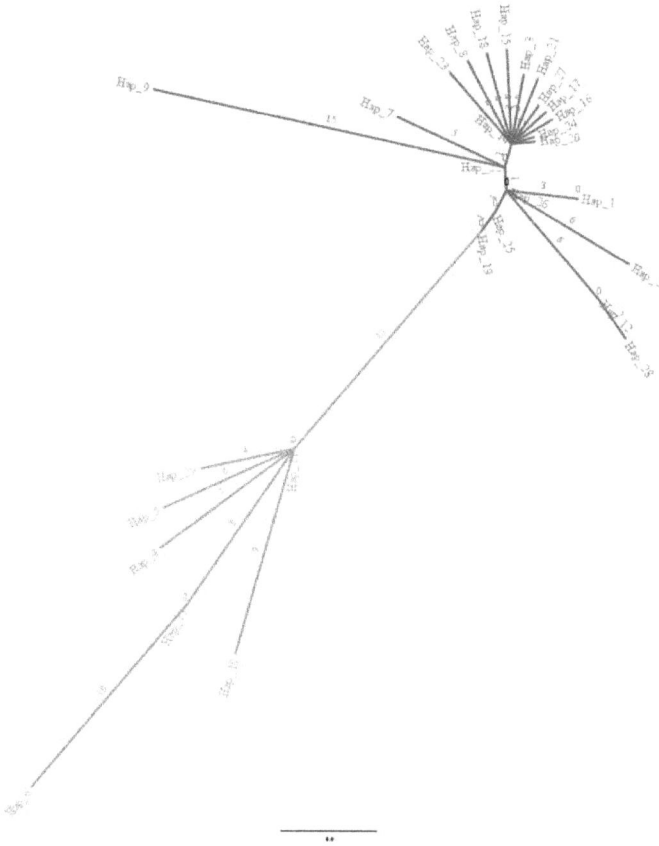

Figure III.12- Réseau d'haplotypes obtenu pour *G. nancillus* où le nombre de mutations entre les haplotypes est indiqué au niveau des branches.

III.3.2.1.2- Diversité génétique et histoire démographique

Les résultats des différents tests réalisés sont présentés en détail dans le tableau III.5 ci-dessous. Vingt-neuf haplotypes ont été trouvés dans notre matrice *G. nancillus*. La diversité haplotypique (hd) calculée est forte pour les sous-clades CN1 (0,993 ± 0,014) et CN2 (0,917 ± 0,092) tandis que la diversité nucléotidique (π) présente des valeurs plutôt faibles pour les deux sous-clades (0,00682 et 0,00817 respectivement). Ces résultats suggèrent que nous avons une population en croissance démographique. Les tests démo-génétiques de Tajima (D) et de Fu (Fs) ainsi que la courbe de mismatch (unimodale) obtenue (Figure III.13a) pour le sous clade CN1 témoignent d'une population en expansion contrairement au sous-clade CN2 où les mêmes tests réalisés ne sont pas significatifs (Tableau III.5) et où la courbe de mismatch réalisée présente une distribution multimodale (Figure III.13b) signature d'une population stable.

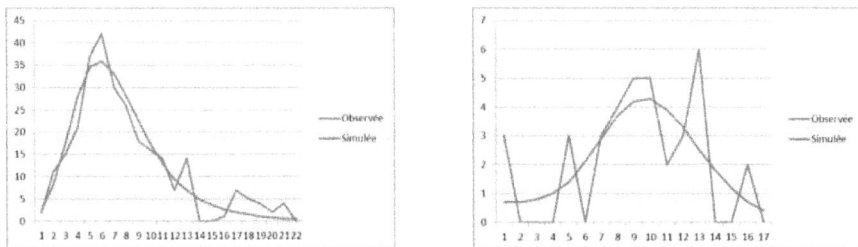

Figure III.13- Courbes de « mismatch distribution » (modèle croissance-déclin) chez *G. nancillus* (a : sous clade CN1 à gauche ; b : sous-clade CN2 à droite).

La reconstruction de l'histoire démographique récente de *G. nancillus* par le modèle de coalescence (« Bayesian Skyline Plot ») montre une population avec une taille d'un peu moins de 10^7 individus il y a 120.000ans. Cette population aurait progressivement diminué jusqu'à une taille d'environ 10^6 individus il y a 40000 ans. A partir de -40000ans, *G. nancillus* subit une nette augmentation de la taille de sa population jusqu'aux environs de -20000ans, date à partir de laquelle elle retrouve sa taille initiale et reste stable jusqu'à aujourd'hui (Figure III.14). Cette augmentation de la population correspond aux tests qui détectent pour la population globale de *G. nancillus* une expansion démographique ainsi datée entre -40000 et -20000ans.

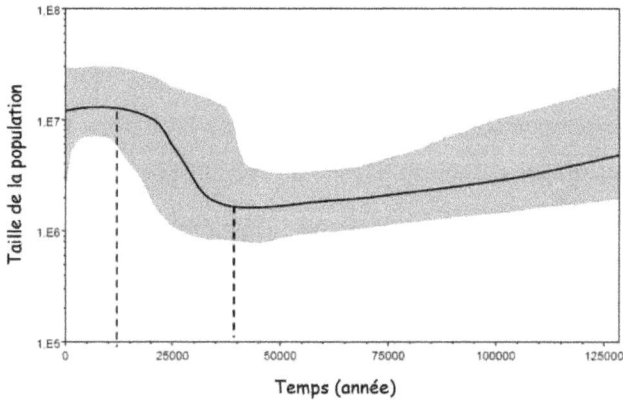

Histoire démographique de *G. nancillus* inférée par le modèle de coalescence
« Bayesian Skyline Plot (BSP) »

Figure III.14- Reconstruction de la démographie passée de *G. nancillus*.

III.3.2.1.3- Isolement par la distance

Le test de Mantel effectué entre les matrices de distance génétique et géographique montre une valeur significative (R = 0,1235 ; p = 0,006) suggérant un isolement par la distance chez cette espèce (Figure III.15).

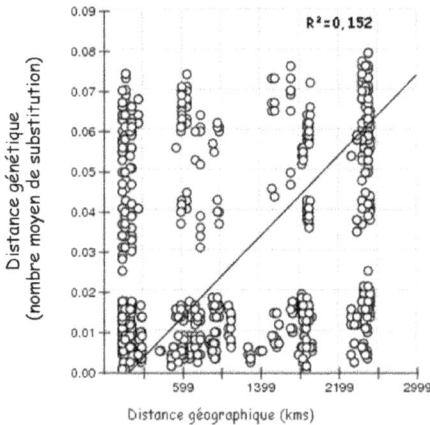

Figure III.15- Régression linéaire de l'isolement par la distance chez *G.nancillus*

128

Tableau III.5- Paramètres de diversité génétique et tests démo-génétiques chez les six espèces étudiées

Espèce	G. nancillus		G. henleyi	G. amoenus		G. pyramidum		G. gerbillus	G. tarabuli	
Sous-clade	CN1	CN2		ADN frais	ADN dégradé	CP1	CP2		CT1	CT2
Nombre d'individus (N)	24	9	17	43	53 (+4)	21	10	34	32	28
Nombre d'haplotypes (H)	22	7	17	40	22	17	10	29	25	23
Nombre de sites polymorphes (S)	58	33	102	60	14	23	16	44	42	54
Diversité haplotypique (hd±sd)	0,993 ± 0,014	0,917 ± 0,092	1,000± 0,020	0,992± 0,007	0,935± 0,017	0,967± 0,03	1,000± 0,045	0,991 ± 0,009	0,984± 0,012	0,987± 0,013
Diversité nucléotidique (π)	0,00682	0,00817	0,03561	0,00872	0,01247	0,002	0,003	0,00447	0,0044	0,00703
Test de Tajima (D)	-1,92 (0,008)	-1,25 (0,11)	1,22087 (NS P > 0.10)	-1,03285 (p>0,10)	-0,43671 (p>0,10)	-2,34 (0,0000)	-1,208 (0,139)	-1,95321 (* P < 0,05)	-1,87 (0,014)	-1,6 (0,034)
Test de Fu (Fs)	-14,92 (0,0000)	-0,11 (0,42)	-3,017 (p = 0,047)	-34,15 (p=0,000)	-13,193 (p=0,000)	-15,5(0,000)	-7,000 (0,001)	-24,23927	-18,01 (0,000)	-11,264 (0,000)
Distribution Mismatch	unimodale	multimodale	multimodale	unimodale	unimodale	unimodale	unimodale	unimodale	unimodale	unimodale

III.3.2.2- Phylogéographie de *Gerbillus henleyi*

Dix-sept individus identifiés comme appartenant à l'espèce *G. henleyi* ont été utilisés. Ils proviennent de 9 localités appartenant à 5 pays (Burkina-Faso, Mali, Mauritanie, Niger, Sénégal ; Figure III.16).

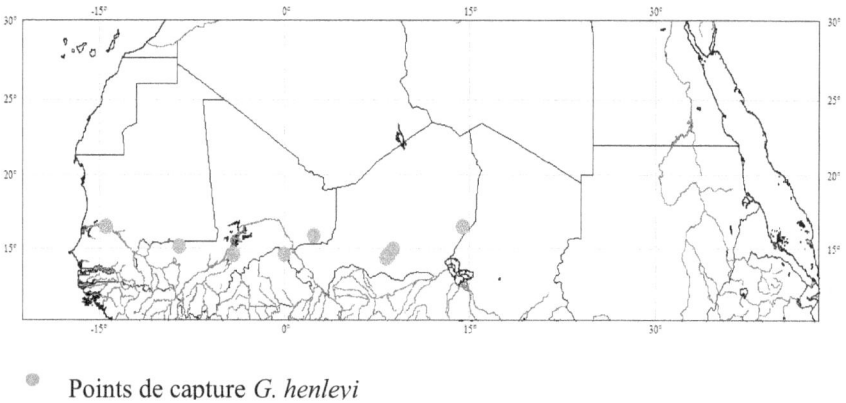

    Points de capture *G. henleyi*

Figure III.16- Localités de capture de *G. henleyi* dans la zone d'étude

III.3.2.2.1- Reconstruction phylogénétique et réseau d'haplotypes

Dans le cas de *G. henleyi*, l'arbre présenté (Figure III.17) met en évidence deux sous-clades (CH1 et CH2) assez biens soutenus (Pp = 0,84 et Pp=0,66 respectivement). Aucune structuration géographique ne correspond à ces deux-sous clades mais cette même structuration est visualisée au niveau du réseau d'haplotypes présenté à la figure III.18 (voir Annexe 3). Le premier sous-ensemble comprend 3 haplotypes tandis que le second ensemble comprend le reste des haplotypes. Cependant au sein de ce second sous-ensemble, 5 haplotypes provenant du Niger se distinguent nettement par une valeur étonnamment élevée de 51 mutations.

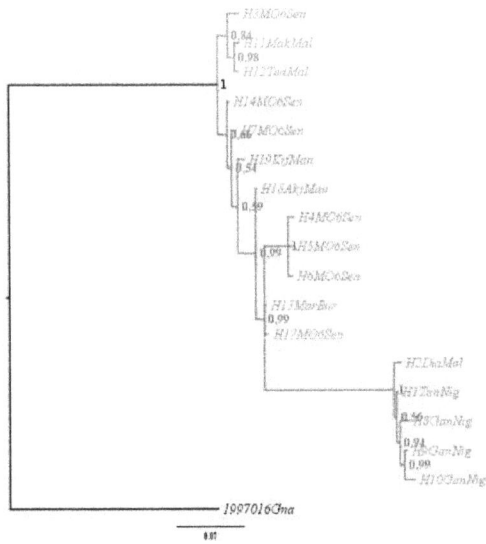

Figure III.17- Reconstruction phylogénétique par IB obtenue à partir du gène mitochondrial du cytb pour *G. henleyi* (ngen = 10.000.000, Modèle = GTR+I+G)

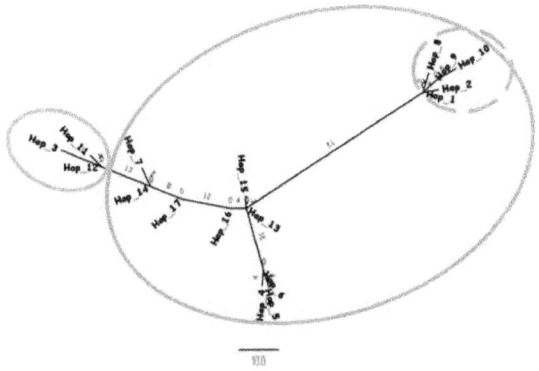

Figure III.18- Réseau d'haplotypes obtenu pour *G. henleyi* où le nombre de mutations entre les haplotypes est indiqué au niveau des branches.

III.3.2.2.2- Diversité génétique et histoire démographique

Malgré les faibles échantillons disponibles pour *G. henleyi*, et du fait de l'absence d'une structuration géographique de la diversité génétique, les analyses de diversité ainsi que les tests démogénétiques ont été effectuées sur l'ensemble des individus. Dans le tableau III.5 sont répertoriés les résultats obtenus chez *G. henleyi*. Avec seulement 17 individus testés, 17 haplotypes ont été trouvés dans cet échantillon. La diversité haplotypique (hd) calculée est logiquement forte (1,000 ± 0,020) de même que la diversité nucléotidique (π = 0,03561). Les tests démo-génétiques de Tajima (D) et de Fu (Fs) ne sont pas significatifs. De la même manière, les analyses de mismatch (Figure III.19) effectués montrent une distribution multimodale, ce qui donne globalement l'image d'une population stable pour *G. henleyi*.

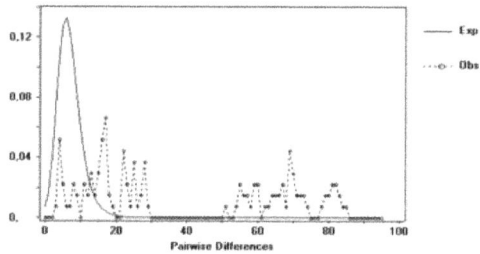

Figure III.19- Courbes de « mismatch distribution » (modèle croissance-déclin) chez *G. henleyi* (à gauche : CH1 et à droite : CH2).

Le modèle de coalescence (BSP) utilisé montre quant à lui que *G. henleyi* aurait subi une augmentation régulière de la taille de sa population entre -40.000 et -20.000 ans tandis que les périodes situées entre -50.000 et -40000 ans d'une part puis de -20.000 ans à nos jours d'autre part sont marquées par une apparente stabilité de la taille de population (Figure III.20).

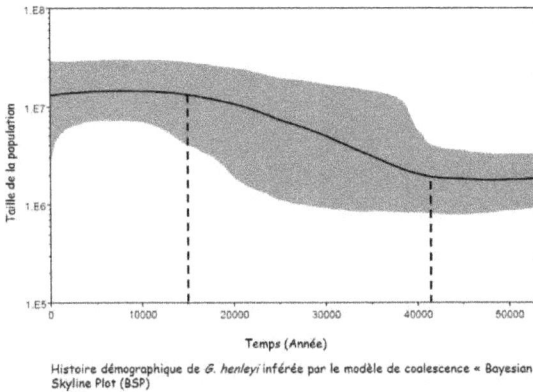

Histoire démographique de *G. henleyi* inférée par le modèle de coalescence « Bayesian Skyline Plot (BSP) »

Figure III.20- Reconstruction de la démographie passée de *G. henleyi*

III.3.2.2.3- Isolement par la distance

Le test de Mantel effectué entre les matrices de distance génétique et géographique est significatif ($R = 0,1654$; $p = 0,033$) pour *G. henleyi*, suggérant un isolement par la distance chez cette espèce (Figure III.21).

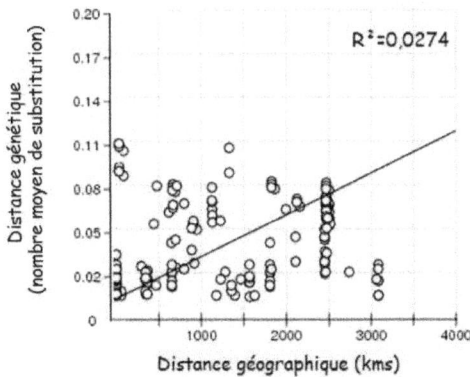

Figure III.21- Régression linéaire de l'isolement par la distance chez *G. henleyi*

III.3.2.3- Phylogéographie de *Gerbillus amoenus*

Pour *G. amoenus* l'échantillon comprend 49 individus provenant de 26 localités différentes, dans trois pays (Mali, Mauritanie et Niger ; Figure III.22).

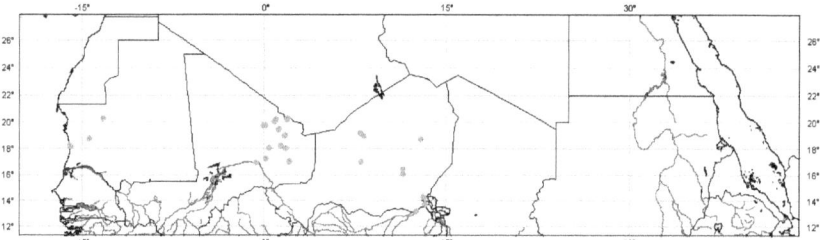

● Points de capture *G. amoenus*

Figure III.22- Localités de capture de *G. amoenus* dans la zone d'étude

III.3.2.3.1- Reconstruction phylogénétique et réseau d'haplotypes

L'arbre phylogénétique obtenu montre un clade *G. amoenus* soutenu avec une valeur de probabilité postérieure de 1 (Figure III.23). Cependant le reste des relations phylogénétiques se présente sous forme d'un « râteau » où les valeurs de Pp aux différents nœuds sont toujours inférieures à 0,5. L'analyse en réseau des haplotypes montre également une faible structuration (Figure III.24), avec de nombreux haplotypes assez proches dont peu sont représentés chez plus d'un individu (Annexe 3).

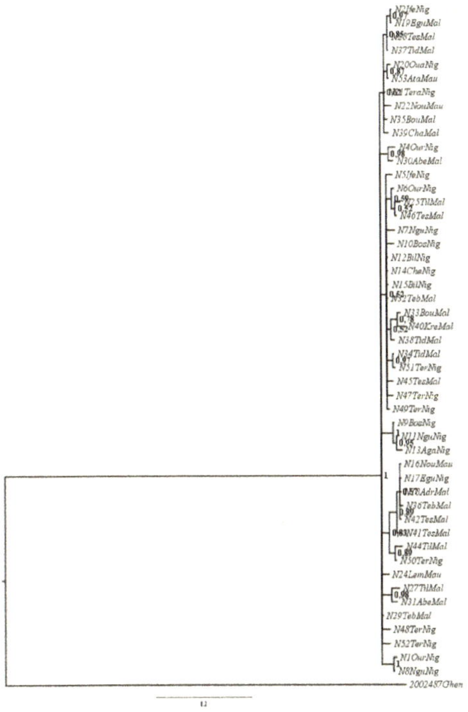

Figure III.23- Reconstruction phylogénétique par IB chez *G. amoenus* à partir du gène mitochondrial du cytb (ngen = 10.000.000, Modèle = GTR+I+G)

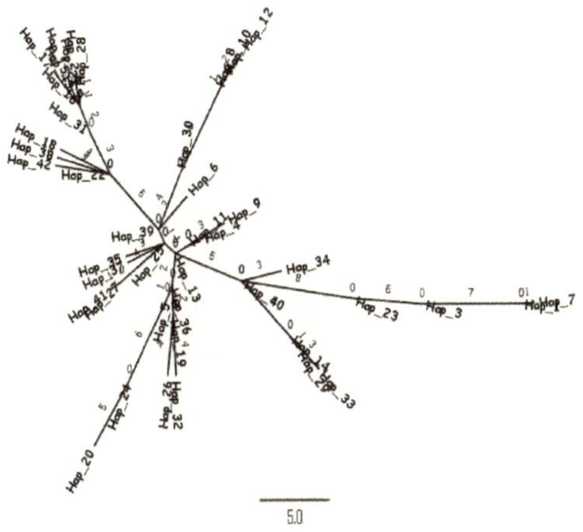

Figure III.24- Réseau d'haplotypes obtenu pour *G. amoenus* où le nombre de mutations entre les haplotypes est indiqué au niveau des branches.

III.3.2.3.2- Diversité génétique et histoire démographique

Dans le tableau III.5 sont répertoriés les différents résultats obtenus quant à la diversité génétique et les tests démo-génétique réalisés chez *G. amoenus*. Sur les 49 individus testés, 43 haplotypes ont été retrouvés. La diversité haplotypique (hd) calculée (0,992 ± 0,007) est importante tandis que la diversité nucléotidique (π) est faible avec seulement 0,00872. Les tests démo-génétiques effectués ne sont pas significatifs pour le test de Tajima (D) tandis qu'il est significatif pour le test de Fu (Fs). Les analyses de mismatch (Figure III.25a) présentent une distribution unimodale (modèle de croissance-déclin) et sont ainsi congruents avec les valeurs des paramètres de diversité génétique d'une part, et le test de Fs d'autre part : L'ensemble suggère une expansion démographique récente pour la population de *G. amoenus* étudiée ici. Des résultats similaires ont été obtenus lorsque nous avons effectué ces tests sur une plus petite portion du cytb (située entre 250-487pb), en incluant aux analyses des individus *G. amoenus* de collection provenant d'Egypte (ADN dégradé ; Tableau III.5 ; et figure III.25b).

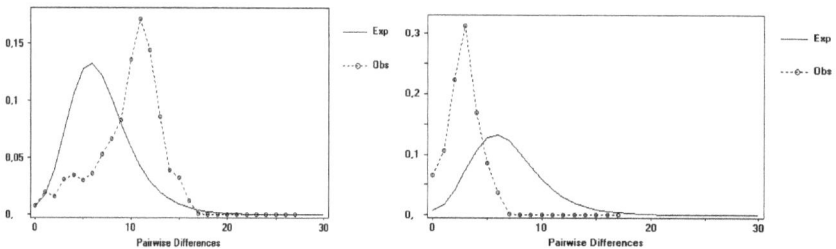

Figure III.25- Courbes de « mismatch distribution » (modèle croissance-déclin) de *G. amoenus* (a: matrice avec séquences complètes à gauche, b: avec séquences partielles et spécimens à ADN dégradé à droite).

L'expansion démographique ainsi détectée par les tests démo-génétiques est datée par le modèle de coalescence (BSP) entre -40000 et -20000 ans, période à laquelle

G.amoenus aurait subi une nette augmentation de la taille de sa population avant de rester stable par la suite (Figure III.26).

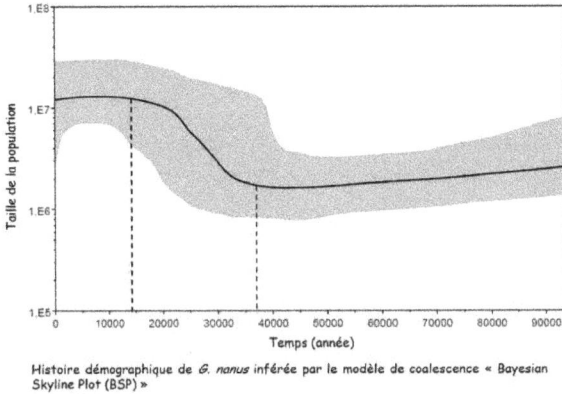

Histoire démographique de *G. nanus* inférée par le modèle de coalescence « Bayesian Skyline Plot (BSP) »

Figure III.26- Reconstruction de la démographie passée de *G. amoenus*

III.3.2.3.3- Isolement par la distance

Le test de Mantel est juste significatif ($R = 0,1093$; $p = 0,042$; Figure III.27), suggérant une tendance pour *G. amoenus* à un isolement génétique par la distance géographique.

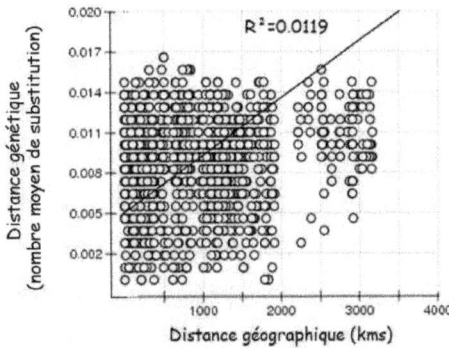

Figure III.27- Régression linéaire de l'isolement par la distance de *G. amoenus*

III.3.2.4- Phylogéographie de *Gerbillus pyramidum*

Vingt-huit spécimens de *G. pyramidum* provenant de 17 localités réparties dans 4 pays (Mauritanie, Mali, Niger et Tchad) ont été étudiés (Figure III.28). Pour les analyses de diversité et les tests démo-génétiques, 2 individus dont les séquences étaient incomplètes ont été retirés des analyses.

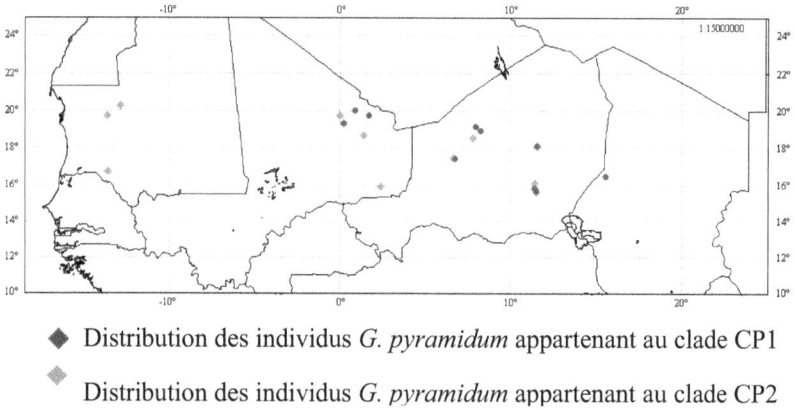

◆ Distribution des individus *G. pyramidum* appartenant au clade CP1

◇ Distribution des individus *G. pyramidum* appartenant au clade CP2

Figure III.28- Localités de capture de *G. pyramidum* dans la zone d'étude

III.3.2.4.1- Reconstruction phylogénétique et réseau d'haplotype

L'arbre phylogénétique obtenu dans le cas de *G. pyramidum* est fortement soutenu à la racine (Pp = 1). Les nœuds internes sont moins bien soutenus (Pp< 0,5) à l'exception d'un sous-clade (CP1) soutenu avec 0,95 de probabilité postérieure qui se distingue du reste des individus (CP2) et qui regroupe des individus provenant majoritairement du Niger mais aussi du Mali et du Tchad (Figure III.29). En ce qui concerne le réseau d'haplotypes, nous distinguons deux sous-ensembles nets (CP1 et CP2) dont l'un correspond au clade précédemment retrouvé dans les analyses phylogénétiques. Ces deux groupes d'haplotypes sont séparés par un faible nombre de pas mutationnels (Figure III.30) et présentent chacun un haplotype central (Hap_2 et Hap_5 provenant tous les deux du Niger), à partir duquel se diversifie le reste des haplotypes retrouvés dans ces sous-ensembles (Annexe 3). Cette topologie semble correspondre à des processus d'expansion récente de populations à partir de noyaux à faibles nombres d'individus.

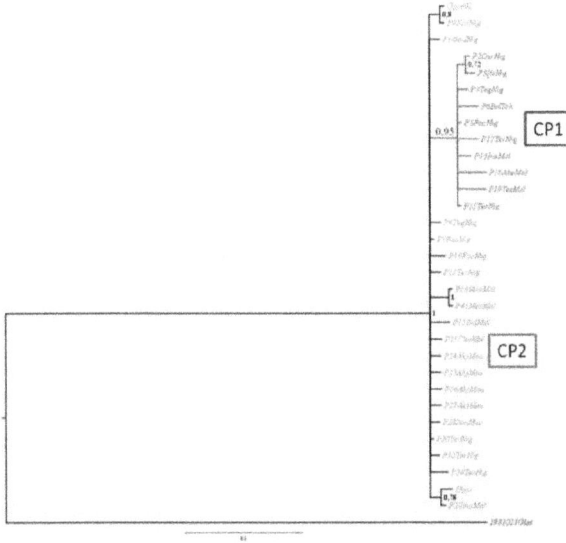

Figure III.29- Reconstruction phylogénétique par IB pour *G. pyramidum* obtenue à partir du gène mitochondrial du cytb (ngen = 10.000.000, Modèle = GTR+I+G)

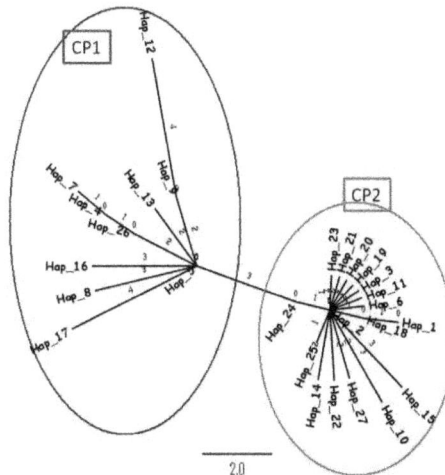

Figure III.30- Réseau d'haplotypes obtenu pour *G. pyramidum* où le nombre de mutations entre les haplotypes est indiqué au niveau des branches.

III.3.2.4.2- Diversité génétique et histoire démographique

Sur 31 individus testés au total, 27 haplotypes ont été retrouvés dans notre échantillonnage répartis dans les deux sous-groupes CP1 et CP2 (Tableau III.5). Pour ces deux groupes, la diversité haplotypique (hd) est forte (0,967 ± 0,03 pour CP1 et 1,000 ± 0,045 pour CP2) tandis que la diversité nucléotidique (π) est faible (0,002 et 0,003 respectivement). Les tests démo-génétiques effectués pour CP1 sont tous congruents entre eux, très significatifs (tableau III.5) et vont dans le sens d'une expansion démographique. Pour le groupe CP2, le test de D de Tajima n'est pas significatif, tandis que le test de Fu (Fs) est très significatif, témoignant d'une population en expansion démographique. Par ailleurs, les analyses de mismatch (Figure III.31) sont aussi congruentes pour les deux groupes étudiés ici et montrent une distribution unimodale (modèle de croissance-déclin), signature d'une population en expansion. L'ensemble de ces résultats indique donc clairement qu'on a affaire à une population de *G. pyramidum* en expansion.

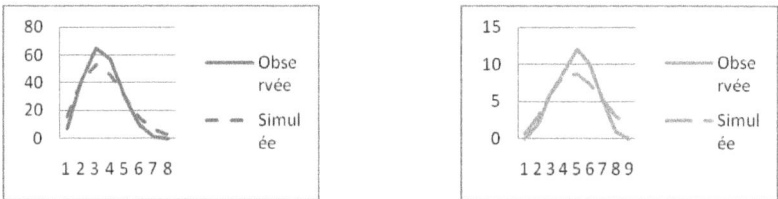

Figure III.31- Courbes de « mismatch distribution » (modèle croissance-déclin) chez *G. pyramidum* (à gauche : clade CP1 ; à droite : clade CP2)

Cette expansion démographique détectée par les analyses de diversité génétique et les tests démo-génétiques est datée entre -35000 et -20000 ans par le modèle de coalescence utilisé (Figure III.32).

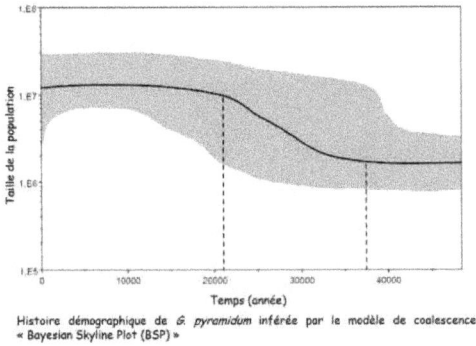

Histoire démographique de *G. pyramidum* inférée par le modèle de coalescence « Bayesian Skyline Plot (BSP) »

Figure III.32- Reconstruction démographique passée de *G. pyramidum*

III.3.2.4.3- Isolement par la distance

Le test de Mantel n'est pas significatif (R = -0.0720 ; p = 0,8660). Ce résultat montre que dans le cas de *G. pyramidum* il n'y a pas d'isolement par la distance (Figure III.33).

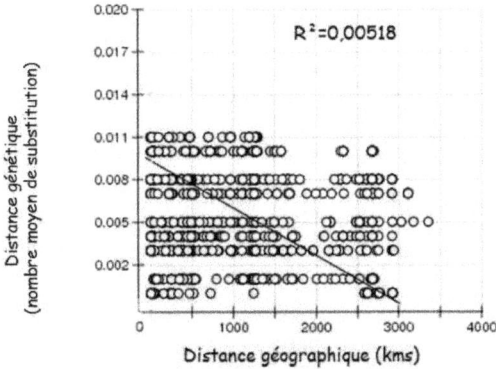

Figure III.33- Régression linéaire de l'isolement par la distance chez *G. pyramidum*.

III.3.2.5- Phylogéographie de *Gerbillus gerbillus*

Trente-trois individus ont pu être obtenus dans 16 localités de 3 pays, à savoir la Mauritanie, le Mali et le Niger (Figure III.34)

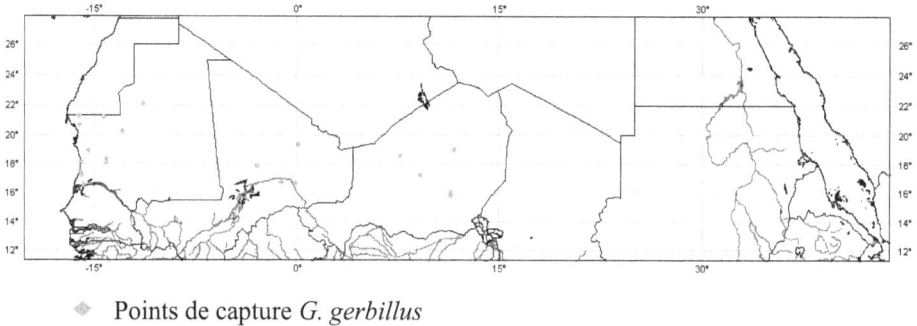

❖ Points de capture *G. gerbillus*

Figure III.34- Localités de capture de *G. gerbillus* dans la zone d'étude

III.3.2.5.1- Reconstruction phylogénétique et réseau d'haplotypes

Le clade *G. gerbillus* est très bien soutenu d'après la reconstruction phylogénétique effectuée par la méthode de l'inférence bayésienne (Pp = 1). Ce clade (Figure III.35) est subdivisé en deux sous-clades faiblement soutenus (Pp = 0,55 et 0,58 respectivement) où nous retrouvons des individus provenant du Mali, du Niger et de la Mauritanie. En ce qui concerne l'analyse en réseau (Figure III.36), l'ensemble des haplotypes (Annexe 3) semble dériver d'un même haplotype central (Hap_6). Par ailleurs, un haplotype (Hap_8) se distingue nettement du reste des haplotypes avec 25 pas mutationnels.

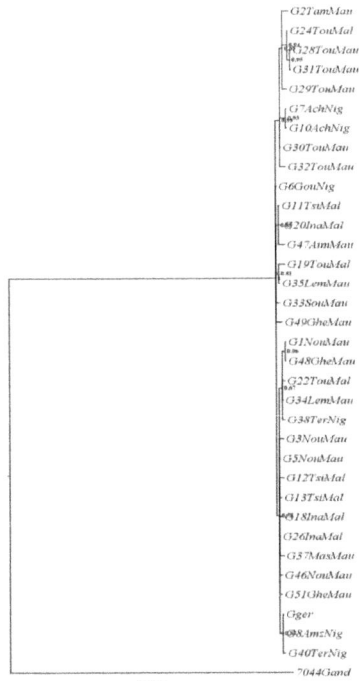

Figure III.35- Reconstruction phylogénétique par IB chez *G. gerbillus* à partir du gène mitochondrial du cytb (ngen = 10.000.000, Modèle = GTR+I+G)

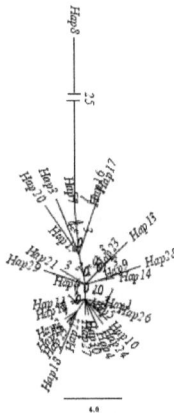

Figure III.36- Réseau d'haplotypes obtenu pour *G. gerbillus* où le nombre de mutations entre les haplotypes est indiqué au niveau des branches.

III.3.2.5.2- Diversité génétique et histoire démographique

Pour l'ensemble de l'échantillon de G. *gerbillus* étudié ici (Tableau III.5), la diversité haplotypique (hd) calculée est forte (0,991 ± 0,009) tandis que la diversité nucléotidique (π) est faible (0,00447). Les tests démo-génétiques sont tous très significatifs tandis que les analyses de mismatch montrent une distribution unimodale (Figure III.37), suggérant ainsi une population en expansion pour G. *gerbillus*.

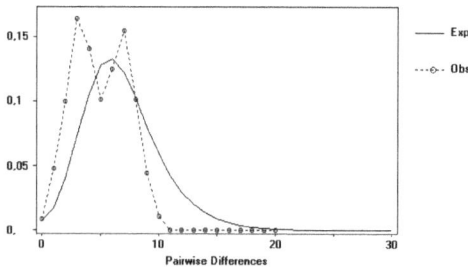

Figure III.37- Courbes de « mismatch distribution » (modèle croissance-déclin) chez G. *gerbillus*

Cette expansion démographique est datée entre -40000 et -20000 ans par le modèle de coalescence (Figure III.38).

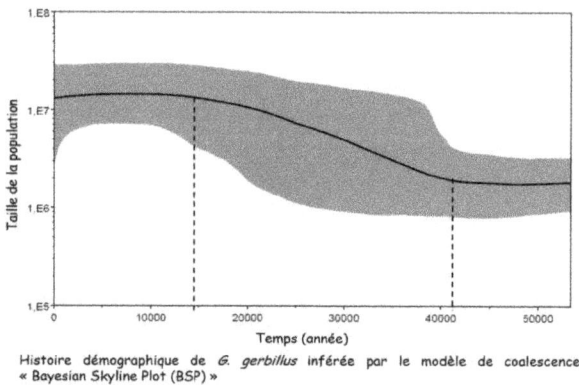

Histoire démographique de *G. gerbillus* inférée par le modèle de coalescence « Bayesian Skyline Plot (BSP) »

Figure III.38- Reconstruction de la démographie passée de G. *gerbillus*

144

III.3.2.5.3- Isolement par la distance

Le test de Mantel réalisé entre les matrices de distances génétique et géographique n'est pas significatif (R = 0,0181, p = 0,3050), suggérant qu'il n'y a pas d'isolement par la distance dans le cas de G. *gerbillus* (Figure III.40).

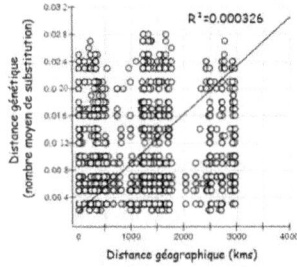

Figure III.39- Régression linéaire de l'isolement par la distance chez G. *gerbillus*.

III.3.2.6- Phylogéographie de *Gerbillus tarabuli*

Dans le cas de *G. tarabuli*, 58 individus originaires de 32 localités provenant de trois pays (Mali, Mauritanie et Niger) ont pu être obtenus et analysés. La figure III.40 présenté ci-dessous décrit les différents grands groupes retrouvés et décrits par la suite.

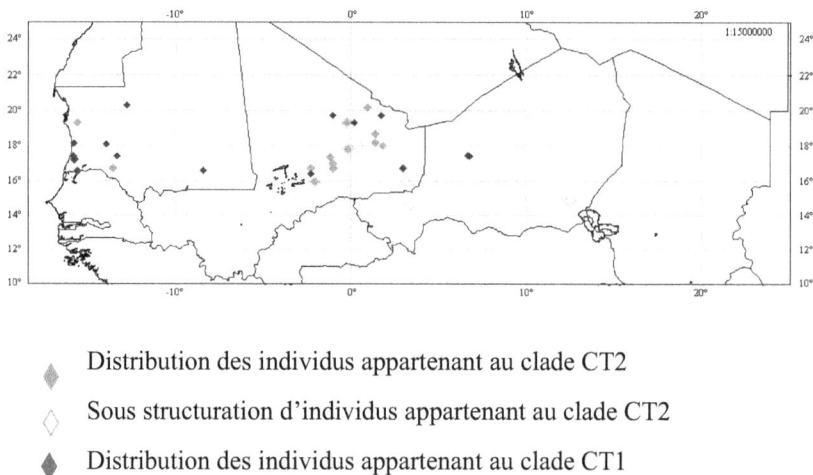

◆ Distribution des individus appartenant au clade CT2

◇ Sous structuration d'individus appartenant au clade CT2

◆ Distribution des individus appartenant au clade CT1

Figure III.40- Localités de capture de *G. tarabuli* dans la zone d'étude

III.3.2.6.1- Reconstruction phylogénétique et réseau d'haplotypes

Gerbillus tarabuli représente un clade très bien soutenu (Pp = 1) subdivisé en deux sous clades CT1 (Pp=0,8) et CT2 (Pp=0,5). Ces sous-clades ne correspondent pas à une structuration géographique car nous y retrouvons les représentants des différents pays et localités échantillonnés (Figure III.41). Parallèlement, l'analyse en réseau des haplotypes (Annexe 3) met en évidence trois principaux sous-groupes avec pour chacun un haplotype central (Hap_10, 21 et 29) à partir duquel se seraient diversifiés les sous-groupes correspondants (Figure III.42). Le nombre de pas mutationnels entre ces groupes apparaît toutefois faible.

146

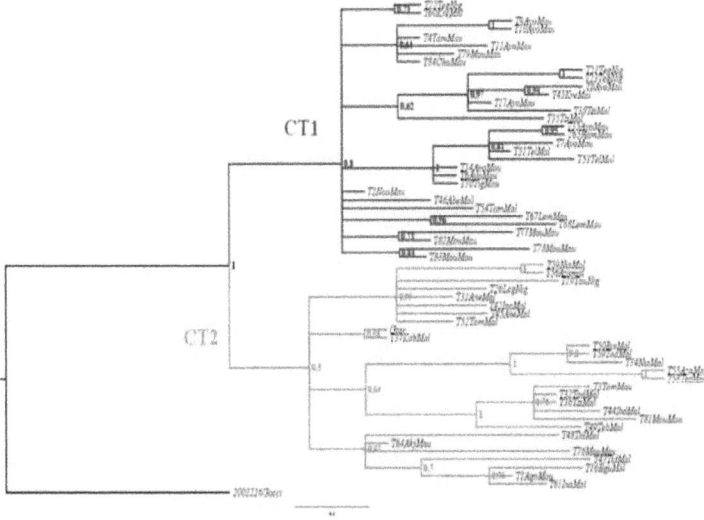

Figure III.41- Reconstruction phylogénétique par IB pour *G. tarabuli* obtenu à partir du gène mitochondrial du cytb (ngen = 10.000.000, Modèle = GTR+I+G).

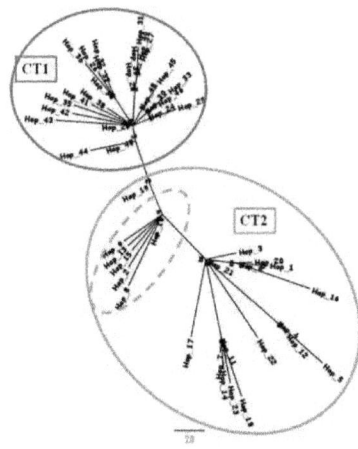

Figure III.42- Réseau d'haplotypes obtenu pour *G. tarabuli* où le nombre de mutations entre les haplotypes est indiqué au niveau des branches.

III.3.2.6.2- Diversité génétique et histoire démographique

Chez *G. tarabuli* (Tableau III.5), pour les deux groupes identifiés ici à savoir CT1 et CT2, tous les tests effectués sont congruents. D'une part la diversité haplotypique (hd) est forte aussi bien pour CT1 que CT2 (0,984 ± 0,012 et 0,987 ± 0,013 respectivement) tandis que la diversité nucléotidique (π) est faible (0,004 et 0,007), témoignant ainsi de population en expansion. De la même manière, les tests démogénétiques (D de Tajima et Fs de Fu) sont congruents entre eux et sont tous très significatifs, donnant également le signal d'une population en expansion. Les analyses de mismatch quant à elles (Figure III.43) montrent une distribution unimodale (modèle de croissance-déclin) et sont aussi congruents avec les tests de diversité génétique et démo-génétiques précédemment décrits. L'ensemble de ces résultats suggèrent que la population de *G. tarabuli* ici représentée présente des signes d'expansion démographique.

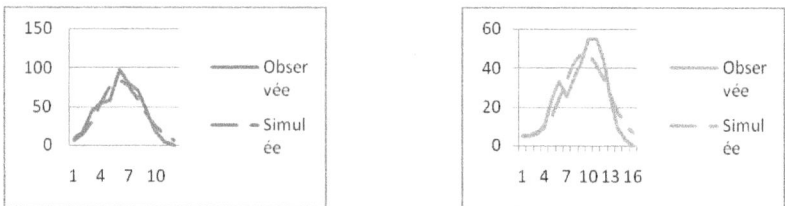

Figure III.43- Courbes de « mismatch distribution » (modèle croissance-déclin) chez *G. tarabuli* (à gauche : CT1 ; à droite : CT2).

L'expansion démographique ainsi détectée est daté pour l'ensemble de la population de *G. tarabuli* étudiée ici entre -40.000 et -20000 ans par le modèle de coalescence (BSP). Durant cet intervalle de temps, la taille de la population de *G. tarabuli* aurait augmenté de manière assez rapide avant de se stabiliser jusqu'à nos jours (Figure III.44).

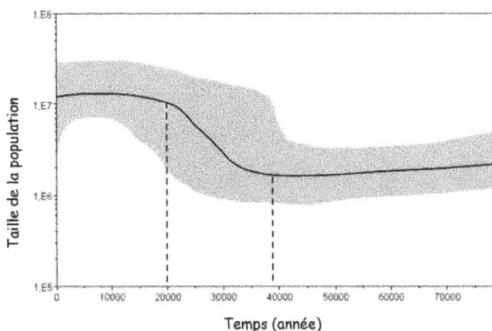

Histoire démographique de *G. tarabuli* inférée par le modèle de coalescence « Bayesian Skyline Plot (BSP) »

Figure III.44- Reconstruction de la démographie passée de *G. tarabuli*

III.3.2.6.3- Isolement par la distance

Le test de Mantel réalisé est juste significatif (R = 0,0908 ; p = 0,044). Ceci témoigne d'une corrélation entre les distances génétiques et géographiques testés ici (Figure III.45) et donc d'une tendance à l'isolement par la distance chez cette espèce.

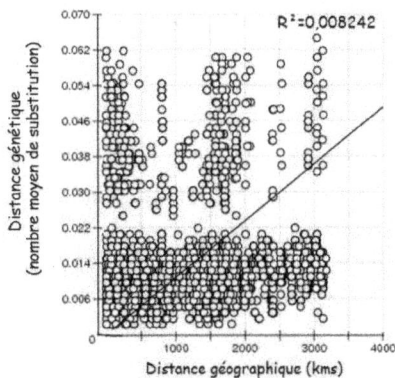

Figure III.45- Régression linéaire de l'isolement par la distance chez *G. tarabuli*.

III.4- Discussion

Malgré la difficulté d'obtenir des échantillons représentatifs, les différents résultats obtenus mettent en évidence pour les six espèces étudiées deux cas de figure. D'une part, nous avons 5 espèces qui présentent des signatures de populations en expansion démographique : *G. gerbillus*, *G. tarabuli*, *G. pyramidum*, *G. amoenus* et *G. nancillus*. D'autre part, nous avons la seule espèce *G. henleyi* qui présente des signes de stabilité de ses populations au cours du temps. Il convient toutefois de remarquer que cette dernière espèce est celle pour laquelle l'échantillon est le plus faible (17 individus seulement), et dont la structure phylogéographique est de ce fait susceptible d'être la moins bien décrite par les résultats obtenus. Pour résumer les situations espèce par espèce et tenter de faire ressortir les principales caractéristiques de chacune, mais également les traits communs et les différences, nous pouvons dire que :

☐ *Gerbillus pyramidum*, très grande espèce à large répartition géographique préférant les sols sableux mais à relativement large amplitude écologique de ce point de vue, présente une faible structuration géographique, ce qu'Avise (2000) associe au cas d'une espèce qui aurait vu sa population augmenter en taille récemment à partir de peu d'individus. Les deux haplogroupes mis en évidence dans le réseau d'haplotypes présentent chacun une topologie « en étoile » avec au centre de chacun un haplotype central (dont les individus qui le partageant proviennent du Niger). Plusieurs arguments suggèrent que *G. pyramidum* aurait subi une expansion démographique (entre -35000 et -20000 ans) suite à un goulot d'étranglement comme suggéré par Nesi (2007). Cette expansion aurait pu se faire à partir de plusieurs noyaux de populations initiaux, dont 2 seraient apparents dans nos résultats. Un tel processus pourrait expliquer l'absence d'isolement par la distance observée chez cette espèce (Leblois *et al.*, 2000).

☐ Le cas de *G. tarabuli*, grande espèce à large distribution géographique principalement retrouvée sur sol sableux mais également assez ubiquiste, est relativement similaire à celui de *G. pyramidum* : peu de structuration géographique de la variabilité génétique, quelques (3 ici) haplogroupes peu différenciés les uns des autres sans haplotype très dominant, et des résultats congruents (tests démo-génétiques et analyses de mismatch) de population en expansion (estimée entre -35000 et -20000 ans) pour les deux ensembles identifiés, ce qui correspond aux résultats obtenus par Nesi (2007).

☐ *Gerbillus gerbillus*, espèce de taille moyenne à large répartition particulièrement adaptée aux habitats sableux (y compris de sable vif), présente des résultats similaires à ceux obtenus pour les deux espèces précédentes : Pas de structuration géographique apparente de sa diversité génétique, et un ensemble de tests démo-génétiques qui témoignent d'une expansion démographique, contrairement aux résultats de Nesi (2007) qui montraient plus d'incongruences entre les différents tests réalisés. Cette phase d'expansion a été datée entre -40000 et -20000 ans. Comme chez *G. pyramidum*, l'absence d'isolement par la distance suggère que cette phase d'expansion s'est faite à partir de différents foyers de recolonisation

☐ *Gerbillus amoenus*, espèce de relativement petite taille à large distribution géographique est retrouvé sur quatre types de sol, mais avec une tendance plus nette vers les sols indurés. Elle montre une absence totale de structuration géographique de sa variabilité génétique. Elle présente par ailleurs, d'après les différentes analyses démo-génétiques effectuées (mismatch, test de Tajima et de Fs) ainsi que de par ses indices de diversité génétique, une signature de population en expansion. L'analyse du graphe obtenu par la méthode de coalescence (BSP) montre que la taille de la population de *G. amoenus* serait restée relativement stable pendant assez longtemps (depuis un peu plus de -90000 ans) jusqu'aux environs de 37000 ans, date à partir de laquelle elle aurait augmenté jusqu'à atteindre sa taille actuelle vers -20000 ans. Une tendance à l'isolement par la distance suggère un éventuel début de structuration des populations de cette espèce à l'échelle de l'ensemble de la zone étudiée.

☐ Dans le cas de *G. nancillus*, espèce de très petite taille à affinités sahéliennes retrouvée majoritairement sur sol sableux, deux sous-ensembles se distinguent avec les tests démo-génétiques effectués qui supportent une expansion démographique pour le sous groupe CN2 tandis que le sous groupe CN1 présenterait plutôt une signature de population stable. Ces résultats bien que basés sur un faible échantillonnage (en terme d'individus et de localités échantillonnés) suggèrent néanmoins l'existence de deux sous-ensembles génétiques dans cette espèce, qui pourraient résulter de l'expansion (à nouveau datée d'entre -40000 et -20000 ans) de deux (ou plus) noyaux initiaux de populations. Ce scénario pourrait également expliquer l'isolement par la distance observé dans ce cas.

☐ *Gerbillus henleyi*, espèce de très petite taille à affinités sahéliennes et retrouvée à la fois sur sols sableux ou indurés, montre comme *G. nancillus* une tendance nette à la structuration géographique de sa variabilité génétique (avec même un niveau de différenciation entre haplogroupes qui paraît anormalement élévé). A la différence des cinq espèces précédentes, les différents résultats (mismatch, test de Tajima et de Fs, hd et π) obtenus sur *G. henleyi* suggèrent que sa population serait restée stable. Ces résultats ne se reflètent cependant pas sur les graphes de BSP qui montrent, comme chez les autres espèces, une augmentation de la taille efficace de la population de *G. henleyi* entre -40000 et -15000 ans. Comme mentionné plus haut, ces résultats doivent toutefois être considérés avec précaution du fait de la faiblesse de l'échantillon de départ concernant cette espèce, et du niveau de différenciation entre haplogroupes observé suggérant éventuellement la présence de copies nucléaires.

L'ensemble de ces résultats montrent que la majorité de ces espèces, et en particulier les espèces plus franchement saharo-sahéliennes (*G. gerbillus*, *G. pyramidum*, *G. tarabuli* et *G. amoenus*) ont une histoire démographique récente marquée par une nette augmentation de la taille de leur population (estimée entre -40000 et -20000 ans environ). Ceci peut être corrélé avec les variations climatiques et environnementales caractérisant le Sahara au cours du Pléistocène. En effet, en remontant loin dans le Quaternaire, le désert semble avoir littéralement disparu (entre -3 et -1,6 Ma) suite à un long épisode humide qui s'est achevé par une phase pluviale très marquée vers 1,6 Ma, immédiatement suivie par une période d'hyper-aridité vers -1,5 Ma (Rognon, 1993). Par la suite, les paléoclimats entre -1,5 Ma et -40000 ans sont mal connus, mais ceux-ci auraient été soumis à de très fortes variations cycliques dont la fréquence a varié selon la période considérée avec globalement un climat devenant de plus en en plus aride (deMenocal, 2004). Cependant, on sait qu'il y a vers -40000 ans un épisode humide important au niveau du Sahara aurait entraîné la contraction du désert au niveau de poches arides qui auraient pu constituer autant de zones refuges pour les communautés d'organismes adaptés aux conditions désertiques (Rognon, 1993 ; Anhuf, 2000 ; Nesi, 2007). Par la suite, vers -18000 ans est enregistré ce qu'on considère comme la période récente de maximum d'aridité en Afrique, correspondant au dernier maximum glaciaire de la région Holarctique. Entre -40000 et -18000 ans, on a donc assisté à une aridification progressive de l'environnement saharien. Pendant cette période, les populations d'espèces adaptées à ces conditions arides ont dû voir leurs populations augmenter en nombre et gagner en extension spatiale à partir des zones où elles s'étaient réfugiées.

Des événements démographiques similaires ont été observés au Pléistocène récent pour de nombreux groupes d'organismes, en particulier des rongeurs sahélo-soudaniens. Par exemple, Bryja et al. (2010) montrent que différentes lignées de l'espèce *Praomys daltoni* (Rongeur, Murinae) se seraient différenciées, puis auraient globalement subi une rapide expansion démographique entre -75000 et -12500 ans avant et après des phases où la population semble constante. Chez une autre espèce du même genre, *Praomys rostratus*, des événements de diversification à l'intérieur des principales lignées répertoriées auraient eu lieu à une période un peu plus ancienne, soit entre 0,104 et 0,189Ma (Nicolas et al., 2008). Chez ces 2 espèces soudaniennes à tendance forestière, c'est après l'isolement au cours des périodes arides de populations dans des zones refuges que l'expansion de populations différenciées se serait produite lors du retour de conditions plus humides. Chez *Mastomys huberti*, des phénomènes d'expansion démographique très récents (i.e. au cours des derniers 18000 ans) ont été identifiés en relation avec le retour de conditions humides favorables à cette espèce au nord du Sénégal et au nord du Mali (Mouline *et al.*, 2008). Pour ce qui est d'espèces plus proches écologiquement de celles du genre *Gerbillus*, et en particulier liées à l'espace saharien, deux exemples peuvent être cités. Le premier concerne l'espèce *Jaculus jaculus*, espèce saharienne dont l'histoire démographique des populations montre un ensemble d'événements de diversification des lignées s'étant déroulé dans l'intervalle 0,23 – 0,77Ma (Ben Faleh *et al.*, 2012). Le second se rapporte à *Acomys chudeaui*, dont les principales lignées montrent également des diversifications dans la fourchette 0,062 – 0,250Ma (Nicolas *et al.*, 2009). Dans ces deux cas, les fluctuations climatiques et environnementales du Sahara au Quaternaire moyen à récent sont invoquées comme responsables de l'isolement de populations pendant les périodes défavorables (humides en l'occurrence), suivies de l'expansion de ces populations après différenciation partielle au retour des conditions favorables (arides) pour ces espèces.

Dans le détail deux tendances se distinguent dans nos résultats. D'une part nous avons un premier groupe d'espèce (*G. pyramidum*, *G. gerbillus* et *G. tarabuli*) à très large aire de distribution (Aulagnier *et al.*, 2008 ; Granjon et Duplantier, 2009 ; Granjon, 2013) où les tests d'isolement ne sont pas significatifs ce qui est corroboré par la faible structuration géographique observée. Les données écologiques précédemment effectuées montrent que deux de ces espèces (*G. pyramidum* et *G. tarabuli*) sont retrouvées sur tous les types de sols étudiés ici (induré, sableux, sable vif, rocheux et mixte) avec cependant une prédominance pour le sol sableux, ce qui coïncide avec les observations de Granjon et Duplantier (2009) selon lesquelles ces espèces occupent une large variété d'habitat. Par contre *G. gerbillus* semble beaucoup plus exigeante en matière de sol car retrouvé uniquement sur les sols de type sableux à sableux vif. Nos résultats confirment en effet l'observation classique selon laquelle cette espèce est considérée comme « typiquement psammophile » (voir Granjon et Duplantier, 2009). Les phases de réduction de taille population supposées accompagner les périodes humides n'auraient pas occasionné chez ces espèces de différenciation génétique importante des populations, d'où l'apparente absence de structuration observée aujourd'hui. Les raisons peuvent en être que i) ces périodes auraient été trop courtes et/ou pas assez contrastées au niveau environnemental pour impacter significativement la structure démographique et spatiale des populations ; ii) les caractéristiques écologiques de ces espèces (en particulier *G. tarabuli* et *G. pyramidum*) leur aurait permis de se maintenir sur une vaste gamme d'habitats en y formant des populations suffisamment connectées pour maintenir une homogénéité génétique d'ensemble. Le cas de *G. amoenus* n'est pas fondamentalement différent de celui de ces 3 espèces, et en particulier de *G. pyramidum* et *G. tarabuli* avec qui *G. amoenus* partage une relativement grande amplitude de niche écologique en terme d'habitats occupés (nos résultats, et Granjon et Duplantier, 2009). La faible tendance à un isolement par la distance observé est peut-être liée au caractère apparemment plus morcelée de sa distribution que celle des espèces susmentionnées (voir Granjon et Duplantier, 2009).

Chez les deux autres espèces *G. nancillus* et *G. henleyi*, où les tests d'isolement par la distance sont significatifs, nous retrouvons également une tendance à la structuration géographique. Nos résultats écologiques montrent que *G. nancillus* est principalement rencontrée sur substrat sableux alors que *G. henleyi* occuperait des sols sableux, indurés, voire rocheux. *Gerbillus nancillus*, peut-être du fait de son apparente spécialisation écologique dans les sols sableux, a pu être impactée plus significativement que *G. henleyi* par les fluctuations d'habitats accompagnant les changements climatiques du Quaternaire récent, ce qui expliquerait la structuration génétique observée. Cette très petite espèce a par ailleurs probablement des capacités de dispersion faible, ralentissant encore les possibilités d'homogénéisation génétique lors du retour de conditions favorables. La signature de stabilité de population suggérée chez *G. henleyi* par les tests démo-génétiques peut quant à elle être associée à la combinaison d'une relativement large niche écologique et d'une adaptation stricte à la zone sahélienne à laquelle cette espèce est clairement associée (Granjon et Duplantier, 2009). Retrouvée en position basale d'après les analyses phylogénétiques (voir chapitre II), elle représente par ailleurs une lignée apparemment ancienne qui aurait acquis une stabilité de sa population depuis longtemps. L'expansion démographique datée pour cette espèce par l'analyse de coalescence (BSP) semble contradictoire par rapport aux autres résultats obtenus sur cette espèce. Il convient donc d'être prudent quant à cette analyse pour cette espèce où l'échantillon étudié est faible, mais de façon générale du fait de la prise en compte de résultats obtenus à partir de l'unique gène du cytochrome b (Ho et Shapiro, 2011 ; Heller *et al.*, 2013).

Conclusion générale et Perspectives

Dans un contexte général où l'évaluation de la biodiversité va de pair avec des préoccupations croissantes sur sa pérennité du fait des menaces associées aux activités humaines (Wilson, 1988) il devient urgent d'accélérer le rythme de description et de caractérisation des différentes composantes de cette diversité, et en même temps d'accéder à la compréhension des processus à l'origine de sa structuration, à différents niveau d'organisation (Avise, 2000 ; Gaston, 2000 ; Mora *et al.*, 2011). Le niveau spécifique est sans conteste un niveau central de l'organisation de la biodiversité, les communautés d'espèces étant ensuite distribuées dans l'espace à différentes échelles, dont les écosystèmes représentent un des niveaux les plus importants. Les écosystèmes désertiques sont soumis au même contexte global que les autres, et les besoins de connaissances sur leurs communautés biologiques sont également urgentes (McNeely et Neronov, 1991 ; Shenbrot *et al.*, 1999). Parmi eux, le désert du Sahara qui s'étend sur près de 9 millions de km², constitue probablement l'un des moins étudiés, malgré sa relativement importante diversité, en particulier chez les mammifères où environ 20% des espèces sont en outre considérés comme endémiques (Kowalski et Rzebik-Kowalska, 1991). Faisant partie de la ceinture des déserts paléarctiques (Shenbrot *et al.*, 1999), le Sahara a été soumis à d'importantes fluctuations climatiques et environnementales au cours du Quaternaire, en relation avec les cycles glaciaires de l'hémisphère nord (Rognon, 1993 ; deMenocal, 2004 ; Schuster *et al.*, 2006). Ces variations ont sans aucun doute eu des conséquences sur la distribution géographique ainsi que la diversité des taxons inféodés à ce milieu. C'est ce qui a été montré dans différents groupes animaux caractéristiques de ces environnements arides tels que les squammates (Rato *et al.*, 2007 ; Carranza *et al.*, 2008 ; Metallinou *et al.*, 2012), les oiseaux (Guillaumet *et al.*, 2005, 2008 ; Fuchs *et al.*, 2012) ou les petits mammifères (Douady *et al.*, 2003 ; Nicolas *et al.*, 2009 ; Ben Faleh *et al.*, 2012) pour qui le désert du Sahara semble avoir joué un rôle décisif dans la diversification intra-générique et intra-spécifique. Parmi les groupes d'organismes spécialement adaptés aux environnements arides de l'Ancien Monde, figure le genre *Gerbillus*. Son importance dans les communautés de rongeurs désertiques a été souligné à plusieurs reprises (Petter, 1961, Kowalski et Rzebik-Kowalska, 1991, Shenbrot *et al.*, 1999, Shenbrot et Krasnov, 2001). Ce genre a été retrouvé dans les gisements fossiles du Maghreb il y a environ 2Ma et son origine a par ailleurs été estimée à environ 5Ma par des méthodes moléculaires (Chevret et Dobigny, 2005). Sachant que l'âge du désert du Sahara est daté autour 7Ma (Schuster *et al.*, 2006), le genre *Gerbillus* apparaît donc comme un bon modèle d'étude de l'influence des fluctuations climatiques et/ou environnementales survenues au Quaternaire sur la structuration des lignées génétiques.

C'est dans ce contexte que nous nous sommes fixé comme objectifs de cette thèse de i) caractériser la diversité spécifique du genre *Gerbillus*, groupe dont la systématique est encore loin de faire l'unanimité ; ii) préciser les relations phylogénétiques à l'intérieur de ce genre et en tirer des conséquences taxonomiques et évolutives ; iii) montrer, par une approche phylogéographique, comment les variations climatiques et/ou environnementales survenues au Sahara au cours du Quaternaire ont pu contribuer à la structuration géographique des lignées génétiques de quelques unes des espèces de ce genre dans la zone saharo-sahélienne.

Pour répondre à ces questions nous avons dans notre premier chapitre procédé à l'étude de plusieurs jeux de données suivant les principes de la taxonomie intégrative formalisés par Dayrat (2005) et particulièrement adaptés pour délimiter des taxons dans les groupes où la présence d'espèces jumelles/cryptiques est importante. Les trois méthodes principalement utilisées ont été la morphologie, la cytogénétique et la biologie moléculaire, mais nous avons fait appel également à la biogéographie et à l'écologie pour interpréter les résultats obtenus. Cette approche multidisciplinaire nous a permis d'identifier de manière non ambigüe un total de 501 individus répartis dans 23 différentes espèces mais aussi de revoir la taxonomie de certaines de ces espèces. C'est le cas du binôme *G. nanus* / *G. amoenus* que nous avons confirmé représenter deux espèces bien distinctes (correspondant à deux lignées génétiques bien soutenues) et à distributions géographiques disjointes (voire parapatriques, avec

G. amoenus en Afrique et *G. nanus* en Asie). Dans un autre registre l'utilisation d'une combinaison de méthodes à permis de distinguer un complexe de quatre espèces (provenant du Maroc) : *G. tarabuli* (2n = 40) et *G. occiduus* (2 = 40), ces deux espèces constituant deux espèces-sœurs correspondant à des clades moléculaires biens soutenus mais très proches génétiquement (et donc d'origine très récente) ; *G. hoogstrali* (2n = 72) ; et une nouvelle espèce dénommée ici *Gerbillus* sp1 (Ndiaye *et al.*, 2012) dont le caryotype n'a pu être obtenu mais qui représente sans doute une nouvelle espèce endémique du Maroc. De la même manière, plusieurs spécimens de petites gerbilles provenant essentiellement du nord de la zone sahélienne ouest-africaine ont pu être identifiés (sur la base des trois méthodes combinées) comme appartenant principalement à l'espèce *G. nancillus*. Nous avons ainsi pu attester pour la première fois de la présence au Sénégal de cette espèce dont les individus avaient été dans un premier temps (i.e. sur la base de la morphologie externe seule) considérés comme appartenant à l'espèce *G. henleyi* (Ndiaye *et al.*, soumis). L'analyse moléculaire appliquée avec les précautions qui s'imposent sur des échantillons provenant de spécimens de collection a également permis i) de confirmer la distinction et la vicariance de *G. nanus* / *G. amoenus* et ii) de proposer une mise en synonymie de *G. perpallidus* avec *G. floweri*.

Dans un second temps, nous avons procédé à des reconstructions phylogénétiques du genre *Gerbillus*, pour tenter de résoudre (au moins en partie) les nombreuses controverses liées à la subdivision en genre ou sous-genres de ce groupe (Ellerman, 1941 ; Lay, 1983; Musser et Carleton, 2005; Pavlinov, 2008), et préciser les relations de parenté entre les différentes lignées constituantes. Nos résultats basés sur l'outil moléculaire montrent bien la présence de trois principaux clades génétiques que nous proposons de considérer comme autant de sous-genres, correspondant aux trois groupes les plus fréquemment rencontrés dans la littérature à savoir *Hendecapleura*, *Dipodillus* et *Gerbillus* sensu stricto. Ils montrent également la présence d'une autre lignée majeure, représentée dans notre jeu de données par la seule espèce *G.*

nancillus, dont l'origine aussi ancienne que les autres lignées majeures (i.e. à la limite Plio-Pléistocène) justifie a priori de lui attribuer également le rang de sous-genre. Le nom de ce dernier reste à fixer, *Monodia* utilisé par certains auteurs (dont Pavlinov, 2008) n'étant pas forcément le plus adapté (voir Musser et Carleton, 2005 : 1228, pour des détails). En attendant d'en savoir plus sur la composition de ce sous-genre incluant pour l'instant seulement *G. nancillus*, on peut donc seulement retenir la très petite taille de l'espèce comme caractéristique de cette lignée, en plus de son particularisme génétique. Différents critères relatifs aux autres sous-genres définis ici ont été proposés (Lay, 1983, Ellerman, 1941, Petter 1975b, Pavlinov, 2008, Corbet, 1978 pour ne citer que ceux là). Le sous-genre *Dipodillus* serait ainsi défini par des soles plantaires nues, le sous-genre *Gerbillus* par des soles plantaires poilues et le sous-genre *Hendecapleura* par des soles plantaires à pilosité intermédiaire. *Dipodillus* posséderait 6 coussinets tandis que *Gerbillus* n'en posséderait aucun. Concernant le tympan accessoire, il est présent dans les sous-genres *Gerbillus* et Hendecapleura, tandis qu'il est absent dans le sous-genre *Dipodillus*. Des synapomorphies chromosomiques permettraient également de distinguer *Gerbillus* de l'ensemble *Hendecapleura* / *Dipodillus* comme mentionné dans le chapitre II (Aniskin *et al.*, 2006). Lay (1983) note que le sous-genre *Gerbillus* est caractérisé par un nombre diploïde faible (entre 38 et 42) et un caryotype qui présente peu de chromosomes acrocentriques (entre 0 et 8). Par contre dans les sous-genres *Dipodillus* et *Hendecapleura*, le nombre diploïde ainsi que les chromosomes acrocentriques sont importants (50-70 et 28-64 respectivement).

L'origine de ce genre *Gerbillus* a pu être estimée ici entre 3,06 et 4,78Ma, ce qui coïncide avec la date estimée à 4,12 Ma par Chevret et Dobigny (2005), tandis qu'Abiadh *et al.* (2010) suggèrent quant à eux que ce genre serait apparu il y a 3,34Ma (mais avec un intervalle de confiance plus important). Ces décalages peuvent s'expliquer par des différences de points de calibration utilisés dans les différentes études, mais elles suggèrent toutes un début de diversification de ce genre au cours de la 2ème moitié du Pliocène. Les principaux sous-genres auraient alors émergé à la même époque c'est-à-dire à la limite Plio-Pléistocène (2,1-2,5Ma pour les valeurs moyennes). Cette période est très souvent mentionnée comme ayant vu une importante diversification des lignées chez les rongeurs africains (Mouline *et al.*, 2008, Nicolas *et al.*, 2008, 2009 ; Brouat *et al.*, 2009, Bryja *et al.*, 2010, Ben Faleh *et al.*, 2012 entres autres), en relation très probable avec les fluctuations climatiques (et environnementales associées) de cette période en Afrique (deMenocal, 1995, 2004 ; Trauth *et al.*, 2009). Au niveau périspécifique, l'analyse moléculaire a apporté des éléments de discussion dans plusieurs cas : Par exemple, *G. campestris* (2n = 56) et *G. rupicola* (2n = 52) se sont révélés constituer un clade unique avec entre ces deux espèces une très faible distance génétique (K2P = 0,019). L'hypothèse selon laquelle *G. rupicola* représenterait simplement une population chromosomiquement différenciée de *G. campestris* devra être testée contre son alternative, i.e. celle d'une origine très récente de *G. rupicola* comme espèce chromosomiquement différenciée mais génétiquement encore indiscernable de *G. campestris* (sur la base des séquences du cytb tout au moins). Par ailleurs, nous avons mis en évidence un groupe-frère inattendu de *G. nigeriae* représenté par un individu originaire du Kenya (nommé ici *Gerbillus* sp2.) dont la taxonomie reste à préciser.

La majorité des espèces étudiées a donc émergé relativement récemment, il y a moins d'1Ma, à une période où le désert du Sahara subissait d'importantes fluctuations climatiques cycliques (deMenocal, 1995, 2004 ; Trauth *et al.*, 2009). Dans le troisième et dernier chapitre de ce travail, nous avons tenté une reconstruction de l'histoire démographique récente à travers une analyse de phylogéographie comparée de six de ces espèces (*G. gerbillus*, *G. tarabuli*, *G. pyramidum*, *G. henleyi*, *G. nancillus* et *G. amoenus*). Dans premier groupe d'espèces caractérisées par de vastes aires de répartition saharo-sahélienne (*G. gerbillus*, *G. tarabuli*, *G. pyramidum*), nous n'avons retrouvé ni structuration géographique ni isolement par la distance, et les différents tests démogénétiques ont montré une signature de populations en expansion. Les données écologiques suggèrent que G. *gerbillus* serait beaucoup plus exigeante en matière de type de sol (sable vif à sableux) comparée aux deux autres qui semblent plus ubiquistes. Les résultats des tests démogénétiques sont similaires pour G. *amoenus* (également caractérisée par une large aire de répartition saharo-sahélienne et une large gamme de substrats occupés), espèce pour laquelle nous avons noté une tendance à l'isolement par la distance sans pour autant qu'elle présente une structuration géographique se sa variabilité génétique. A l'inverse, des espèces comme G. *nancillus* (rencontrée uniquement sur sol sableux et G. *henleyi* (sur sols sableux, induré et même rocheux) ont tendance à être structurées géographiquement (isolement par la distance très significatif), avec pour G. *nancillus* une signature de population globale en expansion démographique et pour G. *henleyi* une signature de stabilité démographique. Pour l'ensemble de ces espèces (même pour G. *henleyi* où tous les tests par ailleurs effectués suggèrent une population stable) l'analyse de coalescence indique une expansion démographique (datée globalement entre -40.000 et -20.000 ans), Ces dates correspondent globalement à l'époque où le Sahara, voit son climat devenir de plus en plus aride, jusqu'au pic d'aridité enregistré entre -20.000 et -18.000 ans. On aurait alors assisté à une augmentation de la taille des populations et de l'aire de répartition de ces espèces globalement adaptées à ces conditions de plus en plus arides à partir des zones où elles s'étaient réfugiées durant les périodes plus humides, avec ou non tendance à la structuration géographique des populations. Le cas de G. *henleyi* reste douteux du fait du faible échantillonnage utilisé qui pourrait expliquer les résultats partiellement contradictoires obtenus chez cette espèce.

De manière générale, nos résultats suggèrent trois différentes phases concernant l'histoire évolutive du genre *Gerbillus*. Elle aurait débuté il y a environ 4Ma, au cours du Pliocène, période marquée par une tendance globale au refroidissement, probablement accompagné d'une aridification environnementale. Ce refroidissement continu se poursuivant au début du Pléistocène est cependant ponctué de phases d'humidité dont trois ont été enregistrées vers 2,9-2,4Ma, 1,8-1,6Ma et enfin 1,2-0,8Ma (deMenocal, 2004). Cette dernière phase, correspondant à l'époque où le désert du Sahara avait presque totalement disparu (Kröpelin, *et al.*, 2008; Sereno *et al.*, 2008; Vignaud *et al.*, 2002), aurait pu être favorable à l'isolement de populations ayant été à l'origine d'espèces (ou de groupes d'espèces proches) au niveau de zones non encore identifiées de l'espace saharien (centres de diversification). Différents événements d'émergence d'espèces dans les grands clades (sous-genres) observés ont en effet eu lieu aux environs de 1Ma et même plus récemment pour des groupes comme *G. tarabuli* / *G. occiduus* / *Gerbillus* sp1 (ca. 0,5Ma), *G. pyramidum* / *G. floweri* (0,51Ma) ou encore *G. campestris* / *G. rupicola* (ca. 0,49Ma). Enfin, l'histoire phylogéographique récente de ces espèces aurait en quelque sorte reproduit le schéma à l'origine de leur émergence avec en particulier, entre -40000 et -18000 ans, une période d'aridification progressive du milieu expliquant alors l'expansion démographique notée chez cinq des espèces étudiées ici.

Le cas de *G. henleyi* nous permet sans conteste de souligner l'effet d'un échantillonnage insuffisant pour inférer une histoire démographique à l'échelle géographique considérée ici. Compléter les échantillons de toutes ces espèces est d'ailleurs hautement souhaitable en vue d'interprétations plus solides, ce qui a été rendu difficile ces dernières années par la situation sécuritaire de certains des pays concernés. Par ailleurs, la méthodologie utilisée pour inférer les datations ainsi que les points de calibrations utilisés peuvent être à l'origine de biais quant à la réalité de l'histoire évolutive des espèces. Mais globalement ces résultats montrent bien que les fluctuations survenus au cours du Sahara ont permis ont eu des conséquences notables sur la diversité en espèces de ce genre mais aussi sur la structuration géographique de chacune d'entre elles. Du point de vue de la systématique évolutive du genre *Gerbillus*, ce travail a permis également d'émettre des hypothèses nouvelles sur l'organisation et les relations entre elles des principales lignées constituant ce genre. Là aussi, compléter l'échantillonnage (en taxons cette fois) apparaît prioritaire pour aller plus loin et définitivement régler des questions d'ordre divers (purement taxonomiques et nomenclaturales, phylogénétiques et évolutives) laissées en suspens.

Références bibliographiques

A

Abiadh A., Chetoui M., Lamine-Cheniti T., Capanna E., Colangelo P., 2010. Molecular phylogenetics of the genus *Gerbillus* (Rodentia, Gerbillinae): Implications for systematics, taxonomy and chromosomal evolution. *Molecular Phylogenetics and Evolution*, 56: 513–518.

Adkins R. M., Gelke E.L., Rowe D. and Honecutt R. L., 2001. Molecular phylogeny and divergence time estimates for major rodent groups: Evidence from multiple genes. *Molecular Biology and Evolution*, 18: 777-791.

Akaike H., 1973. Information theory as an extension of the maximum likelihood principle. **In**: Second International Symposium on Information Theory, Akademiai Kiado, Budapest, Hungary. 267 – 281p.

Anhuf D., 2000.Vegetation history and climate changes in Africa north and south of the equator (10°S to 10°N) during the last glacial maximum. **In**: Southern Hemisphere paleo- and neoclimates - Key sites, methods, data and models (A00-49296 15-46), Heidelberg, Germany, Springer-Verlag, 225-248.

Aniskin V. M., Benazzou T., Biltueva L., Dobigny *G.*, Granjon L. and Volobouev V. T., 2006. Unusually extensive karyotype reorganization in four congeneric *Gerbillus* species (Muridae: Gerbillinae). *Cytogenetic and Genome Research*, 112: 131–140.

Arribas P., Andujar C., Sanchez-Fernandez D., Abellan P. and Millan A., 2013.Integrative taxonomy and conservation of cryptic beetles in the Mediterranean region (Hydrophilidae). *Zoologica Scripta*, 42:182-200.

Aulagnier S. et Thévenot M., 1986. Catalogue des Mammifères sauvages du Maroc. *Travaux de l'Institut Scientifique, Série zoologique*, 41 :1-164.

Aulagnier S., Haffner P., Mitchell-Jones A.J., Moutou F. et Zima J., 2008. Guide des mammifères d'Europe, d'Afrique du Nord et du Moyen-Orient, Delachaux et Niestlé SA., Paris, 271p.

Avise J. C., Arnold J., Ball R. M. Jr, Bermingham E., Lamb T., Neigel J.E., Reeb C.A., Sanders N.C.,1987. Intraspecific phylogeography: the mitochondrial DNA bridgebetween population genetics and systematics. *Annual Review of Ecology and Systematics*, 18: 489-522.

Avise J. C., 2000. Phylogeography, The history and formation of species. Harvard University Press, 447p.

B

Ben Faleh A., Granjon L., Tatard C., Duplantier J.M., Dobigny *G.*, Hima K., Said K., Boratynski Z. and Cosson J.-F., 2012. Phylogeography of two cryptic species of African desert jerboas (Dipodidae: Jaculus). *Biological Journal of the Linnean Society*, 107: 27-38 (+ Erratum in Biological Journal of the Linnean Society, 108: 470-471).

Benazzou T., 1984. Contribution à l'étude de l'évolution chromosomique et de la diversification biochimique des Gerbillidés (Rongeurs). Thèse de Doctorat, Université de Paris Sud, 174p.

Bickford D., Lohman D.J., Sodhi N.S., Ng P.K.L., Meier R., Winker K., Ingram K.K. and Das I., 2007. Cryptic species as a window on diversity and conservation. *Trends in Ecology and Evolution*, 22: 148-155.

Bonnet A., 1997. Etude systématique des espèces mauritaniennes du genre *Gerbillus* : approche morphométrique et chromosomique. DEA de Biodiversité : Génétique, histoire et mécanismes de l'évolution, Université de Paris IV, 24p.

Bradley R.D. and Baker R.J., 2001. A test of the genetic species concept: cytochrome-b sequences and Mammals. *Journal of Mammalogy*, 4: 960-973.

Brouat C., Tatard C., Bâ K., Cosson J.-F., Dobigny *G.*, Fichet-Calvet E., Granjon L., Lecompte E., Loiseau A., Mouline C., Piry S. and Duplantier J.-M., 2009. Phylogeography of the multimammate mouse (Mastomys erythroleucus): a case study for sahelian species in West Africa. *Journal of Biogeography*, 36:2237-2250.

Bryja J., Granjon L., Dobigny *G.*, Patzenhauerová H., Konečný A., Duplantier J.M., Gauthier P., Colyn M., Durnez L., Lalis A. and Nicolas V., 2010. Plio-Pleistocene history of West African Sudanian savanna and the phylogeography of the Praomys daltoni complex (Rodentia): the environment/geography/genetic interplay. *Molecular Ecology*, 19: 4783-4799.

C

Carranza S., Arnold E. N., Geniez P., Roca J. and Mateo J.A., 2008. Radiation, multiple dispersal and parallelism in the skinks, Chalcides and Sphenops (Squamata: Scincidae), with commentson Scincus and Scincopus and the age of the Sahara Desert. *Molecular Phylogenetics and Evolution*, 46: 1071–1094.

Chaline J., Mein P. and Petter F., 1977.Les grandes lignes d'une classification évolutive des Muroidea. *Mammalia*, 41: 245-252.

Chessel D., Dufour A. and Thioulouse J., 2004.The ade4 package- I: One-table methods, R news, 4: 5-10.

Chevret P. and Dobigny *G.*, 2005.Systematics and evolution of the subfamily Gerbillinae (Mammalia, Rodentia, Muridae). *Molecular Phylogenetics and Evolution*, 35: 674-688.

Chevret P., Veyrunes F. and Britton-Davidian J., 2005. Molecular phylogeny of the genus Mus (Rodentia: Murinae) based on mitochondrial and nuclear data. *Biological Journal of the Linneas Society*, 84: 417-427.

Cockrum E. L., Vaughan T. C., and Vaughan P. J. 1976. A review of North African short-tailed gerbils (*Dipodillus*) with description of a new taxon from Tunisia, *Mammalia*, 40: 313-326.

Cockrum E. L., 1977. Status of the hairy footed gerbil, *Gerbillus* latastei Thomas and Trouessart. *Mammalia*, 40: 685-686

Colangelo P., Corti M., Verheyen E., Annesi F., Oguge N., Makundi R.H. and Verhenyen W., 2005. Mitochondrial phylogeny reveals differential modes of chromosomal evolution in the genus Tatera (Rodentia: Gerbillinae) in Africa. *Molecular Phylogenetics and Evolution*, 35: 556-568.

Colangelo P., Granjon L., Taylor P.J. and Corti M., 2007. Evolutionary systematics in African gerbilline rodents of the genus Gerbilliscus: Inference from mitochondrial genes. *Molecular Phylogenetics and Evolution*, 42: 797-806.

Comas D., Plaza S., Wells R.S., Yuldaseva N., Lao O., Calafell F. and Bertranpetit J., 2004. Admixture, migrations, and dispersals in Central Asia: evidence from maternal DNA lineages. *European Journal of Human Genetics*, 12: 495-504.

Cosson J. F., Granjon L., Cuisin J., Tranier M., Colas F., 1997. Les Mammifères dulittoral mauritanien 1. Aspects méthodologiques. **In** Environnement et littoral mauritanien, Montpellier, éditions du CIRAD, colections Colloques: 65-72.

Crandall K. A. and Templeton A.R., 1999.Statistical methods for detecting recombination. **In**: The Evolution of HIV, K.A., Johns Hopkins University Press, Baltimore, MD., 153-176.

Cruz-Barraza J. O., Carballo J. L., Rocha-Olivares, A., Ehrlich H., Hog M. and Schierwater B., 2012. Integrative Taxonomy and Molecular Phylogeny of Genus Aplysina (Demospongiae: Verongida) from Mexican Pacific. *Plos One*, 7: e42049, doi:10.1371/journal.pone.0042049

D

Dayrat B., 2005. Towards integrative taxonomy. *Biological Journal of the Linnean Society*, 85: 407–415.

Debry R.W. and Sagel R.M., 2001. Phylogeny of Rodentia (Mammalia) inferred from the nuclear-encoded genre IRBP. *Molecular Phylogenetics and Evolution*, 19: 290-301.

Delsuc F. et Douzery E.J.P., 2004. Les méthodes probabilistes en phylogénie moléculaire (1) Les modèles d'évolution des séquences et le maximum de vraisemblance. *Biosystema*, 22:59-74.

Delsuc F., Mauffrey J-F. and Douzery E., 2003. Une nouvelle classification des Mammifères. *Pour la Science*, 303: 62-66.

deMenocal P.B., 1995. Plio-Pleistocène African Climate. *Science*, 270: 53-59.

deMenocal P. B., 2004. African climate change and faunal evolution during the Pliocene–Pleistocene. *Earth and Planetary Science Letters*, 220: 3-24.

Dobigny G., 2002. Spéciation chromosomique chez les espèces jumelles ouest africaines du genre Taterillus (Rodentia, Gerbillinae): Implications systématiques et biogéographiques, hypothèses génomiques. Thèse de doctorat, MNHN, Paris, 348p.

Dobigny G., Moulin S., Cornette R. and Gautun J.-C., 2001. Rodent from Adrar des Iforas, Mali: chromosomal data. *Mammalia*, 65: 215 – 220.

Dobigny G., Nomao A. andGautunJ.-C., 2002. Acytotaxonomic survey of rodents from Niger: Implications for systematics, biodiversity and biogeography. *Mammalia*, 66: 495-523.

Dobigny G., Granjon L., Aniskin V., Bâ K. and Volobouev V., 2003.A new sibling species of Taterillus (Muridae, Gerbillinae) from West Africa. *Mammalian Biology*, 68: 299-316.

Dobigny *G.*, Aniskin V., Granjon L., Cornette R. and Volobouev V., 2005. Very recent radiation in West African Taterillus: the concerted role of chromosome and climatic changes. *Heredity*, 95: 358–368.

Douady C.J., Catzeflis F., Raman J., Springer M.S., Stanhope M.J., 2003. The Sahara as a vicariant agent, and the role of Miocene climatic events, in the diversification of the mammalian order Macroscelidea (elephant shrews). *Proceedings of the National Academy of Sciences*, 100: 8325-8330.

Douzery E. J. P., Delsuc F. and Phillipe H., 2006. L'horloge moloéculaire: des molecules pour remonter le temps. *Medecine/Science*, 22: 374-380.

Drummond A.J., Ho S.Y.W., Phillips M.J. and Rambaut A., 2006.Relaxed Phylogenetics and Dating with Confidence. *Plos Biology*, 4: e88, doi: 10.1371/journal.pbio.0040088.

Drummond A.J. and Rambaut A., 2007. BEAST: Bayesian evolutionary analysis by sampling trees. *BMC Evolutionary Biology*, 7:214.

Dutrillaux B. and Couturier J., 1981. La pratique de l'analyse chromosomique. Masson, Paris, 86p.

E

Ellerman J.R., 1941. The families and genera of living rodents, Vol.II.Family Muridae. Trustees of the British Museum (Natural History), London, 690p.

Ellerman J. R. and Morrison-Scott T. C. S., 1951.Checklist of Palaearctic and Indian mammals 1758 to 1946. Trustees of the British Museum (Natural History), London, 810p.

Evans E.P., Breckon *G.* and Ford C.E., 1963. An air-drying method for meiotic preparations from mammalian testes.*Cytogenetics*, 3: 289-294.

Excoffier L., 2004. Patterns of DNA sequence diversity and genetic structure after a range expansion: lessons from the infinite-island model. *Molecular Ecology*, 13: 853-864.

Excoffier L., Guillaume L. and Schneider S., 2005. Arlequin (version 3.0): an integrated software package for population genetics data analysis. *Evolutionary bioinformatics online*, 1:47.

Excoffier L., Foll M. and Petit R.J., 2009.Genetic Consequences of Range Expansions. *Annual Review of Ecology Evolution, and Systematics*, 40: 481-501.

F

Fadda C. and Corti M., 2001. Three-dimensional geometric morphometrics of Arvicanthis: implications for systematics and taxonomy. *Journal of Zoological Systematics and Evolutionary Research*, 39: 235–245.

Faure H, 1984. De la préhistoire à la prédiction des climats. Cahiers de l'ORSTOM, XIV: 189-212.

Fonseca *G.*, Derycke S. and Moens T., 2008.Integrative taxonomy in two free-living nematode species complexes. *Biological Journal of the Linnean Society*, 94: 737-753.

Fu Y.-X., 1997. Statistical Tests of Neutrality of Mutations against Population Growth, Hitchhiking and Background Selection. *Genetics*, 147: 915-925.

Fush J., Crowe T. M., Bowie R. C. K., 2011. Phylogeography of the fiscal shrike (Lanius collaris): a novel pattern of genetic structure across the arid zones and savannas of Africa. *Journal of Biogeography*, 38: 2210-2222.

Flynn L. J. and Jacobs L. L., 1999. Late Miocene small-mammal faunal dynamics: The crossroads of the Arabian Peninsula. **In**: Fossil vertebrates of Arabia with emphasis on the Late Miocene faunas, geology, and palaeoenvironments of the

Emirate of Abu Dhabi. Yale University Press, New Haven and London, 410-419.

Flynn L. J., Winkler A. J., Jacobs L. L., and Downs W., 2003. Tedford's gerbils from Afghanistan. In:Vertebrate fossils and their context: Contributions in honor of Richard H. Tedford. Bulletin of the AmericanMuseum of Natural History, 603-624.

G

Galan M., Pagès M., Cosson J.-F., 2012. Next-Generation Sequencing for Rodent Barcoding: Species Identification from Fresh, Degraded and Environmental Samples. *Plos One*, 7: e48374, doi: 10.1371/journal.pone.0048374

Ganem *G.*, Meynard C. N., Perigault M., Lancaster J., Edwards S., Caminade P., Watson J. and Pillay N., 2012.Environmental correlates and co-occurrence of three mitochondrial lineages of striped mice (Rhabdomys) in the Free State province (South Africa). *Acta Oecologica*, 42: 30-40.

Gaston K. J., 2000. Global patterns in biodiversity. *Nature*, 405: 220-227.

Gautun J.-C., Tranier M., and Sicard B., 1985. Liste préliminaire des rongeurs du Burkina Faso (ex Haute-Volta). *Mammalia*, 49: 537-542.

Glaw F., Kucharzewski C., Koehler J., Vences M. and Nagy Z. T., 2013. Resolving an enigma by integrative taxonomy: Madagascarophis fuchsi (Serpentes: Lamprophiidae), a new opisthoglyphous and microendemic snake from northern Madagascar. *Zootaxa*, 3630: 317-332.

Grimmberger E. and Rudloff K., 2009.Atlas der Saugetiere Europas, Nordafrikasund Vorderasiens.Natur und Tier-Verlag GmbH, Münster, Germany, 495p.

Gouy M., Guindon S. and Gascuel O., 2010. SeaView version 4: A multiplatform Graphical Interface for Sequence alignement and phylogenetic tree building. *Molecular Biology and Evolution*, 27: 221–224.

Granjon L., Cosson J. F., Cuisin J., Tranier M., and Colas F.,1997.Les mammifères du littoral Mauritanien: 2. Biogéographie et écologie. **In**:Environnement et littoral Mauritanien, Actes du Colloque, 12-13 juin 1995, Nouakchott, Mauritanie (F. Colas, ed.). CIRAD (Collection Colloques), Montpellier, France, 77-89.

Granjon L., Bonnet A., Hamdine W. and Volobouev V., 1999. Reevaluation of the taxonomic status of North African gerbils usually referred to as *Gerbillus pyramidum* (Gerbillinae, Rodentia): Chromosomal and biometrical data. *International journal of mammalian biology*, 64: 298-307.

Granjon L., Aniskin V.M., Volobouev V., and Sicard B., 2002. Sand-dwellers in rocky habitats: A new species of *Gerbillus* (Mammalia: Rodentia) from Mali. *Journal of Zoology*, 256: 181-190.

Granjon L. and Dobigny G., 2003. The importance of cytotaxonomy in understanding the biogeography of African rodents: Lake Chad murids as an example. *Mammal Review*, 33: 77–91.

Granjon L et Denys C., 2006. Systématique et Biogéographie des Gerbilles sahariennes du genre *Gerbillus*. **In** : Mécanismes adaptatifs des petits vertébrés des zones arides et semi-arides. Société d'Histoire Naturelle d'Afrique du Nord, 73: 33-44.

Granjon L. and Duplantier J-M., 2009.Les rongeurs de l'Afrique sahélo-soudanienne. IRD Editions, Collection Faune et Flore 43, Marseille, 242p.

Granjon L., Colangelo P., Tatard C., Dobigny G., Colyn M. and Nicolas V., 2012.Intrageneric relationships within Gerbilliscus (Rodentia, Muridae, Gerbillinae), with characterization of an additional West African species. Zootaxa, 3325: 1–25.

Granjon L., 2013. *Gerbillus floweri*. **In**: Mammals of Africa, Volume III: Rodents, Hares and Rabbits, Bloomsbury Publishing, London, 307.

Granjon L., 2013. Genus *Gerbillus*.In: Mammals of Africa, Volume III: Rodents, Hares and Rabbits, Bloomsbury Publishing, London, 295-297.

Groombridge B. and Jenkins M.D., 2002.World Atlas of Biodiversity.UNEP World Conservation Monitoring Centre, University of California Press, Berkeley, USA, 352p.

Guindon S. and Gascuel O., 2003. PhyML: A simple, fast and accurate algorithm to estimate large phylogenies by maximum likelihood, *Systematic Biology*, 52: 696-704.

Gyllensten U., Wharton D., Josefsson A. and Wilson A.C., 1991.Paternal inheritance of mitochondrial DNA in Mice.*Nature*, 352: 255-257.

Guillaumet A., Crochet P.-A.and Godelle B., 2005. Phenotypic variation in Galerida larks in Morocco: the role of history and natural selection. *Molecular Ecology*, 14: 3809-3821.

Guillaumet A., Crochet P.-A.and Pons J.-M., 2008. Climate-driven diversification in two widespread Galerida larks, *BMC Evolutionary Biology*, 8: 32.

Gouy M., Guindon S. and Gascuel O., 2010.SeaView version 4: a multiplatform graphical user interface for sequence alignment and phylogenetic tree building. *Molecular Biology and Evolution*, 27:221-224.

H

Hall T.A., 1999. BioEdit: a user-friendly biological sequence alignment editor and analysis program for Windows 95/98/NT, *Nucleic Acids Symposium*, 41: 95 – 98.

Happold D.C.D. (Ed), 2013. Mammals of Africa, Volume III: Rodents, Hares and Rabbits, Bloomsbury Publishing, London, 784p.

Heller R., Chikhi L., Siegismund H. R. and Mailund T., 2013.The Confounding Effect of Population Structure on Bayesian Skyline Plot Inferences of Demographic History. *Plos One*, 8: e62992, doi: 10.1371/journal.pone.0062992.

Hickerson M. J., Carstens B. C., Cavender-Bares J., Crandall K. A., Graham C. H., Johnson J. B., Rissler L., Victoriano P. D. andYoder A. D., 2010. Phylogeography'spast, present, andfuture: 10 yearsafterAvise, 2000. *Molecular Phylogenetics and Evolution*, 54: 291-301.

Hima K., Thiam M., Catalan J., Gauthier P., Duplantier J.M., Piry S., Sembène M., Britton-Davidian J., Granjon L., and Dobigny *G.*, 2011. Extensive Robertsonian polymorphism in the African rodent *Gerbillus* nigeriae: geographic aspects and preliminary meiotic data. *Journal of Zoology*, 284: 276-285.

Ho S. Y. W. and Shapiro B., 2011. Skyline-plot methods for estimating demographic history from nucleotide sequences: INVITED TECHNICAL REVIEW. *Molecular Ecology Resources*, 3: 423-434.

Huchon D., Madsen O., Sibbald M. J. J. B., Ament K., Stanhope M. J., Catzeflis F., de Jong W. W. and Douzery E. J. P., 2002. Rodent phylogeny and a timescale for the evolution of Glires: Evidence from an extensive taxon sampling using three nuclear genes. *Molecular Biology and Evolution*, 19: 1053-1065.

Huelsenbeck J. P. and Ronquist F., 2001. MRBAYES: Bayesian inference of phylogenetic trees. *Bioinformatics*, 17: 754-755.

I

Irwin D.M., Thomas D.K. and Wilson A.C., 1991. Evolution of the Cytochrome b Gene of Mammals. *Journal of Molecular Evolution*, 32: 128-144.

Ito M., Jiang W., Sato J.J., Zhen Q., Jiao W., Gota K., Sato H., Ishiwata K., Oku Y., Chai J-J. and Kamiya H., 2010. Molecular Phylogeny of the Subfamily Gerbillinae (Muridae, Rodentia) with Emphasis on Species Living in the

Xinjiang-Uygur Autonomous Region of China and Based on the Mitochondrial Cytochrome b and Cytochrome c Oxidase Subunit II Genes. *Zoological Science*, 27: 269–278.

J

Jansa S.A. and Weksler M., 2004. Phylogeny of muroid rodents: relationships within and among major lineages as determined by IRBP gene sequences. *Molecular Phylogenetics and Evolution*, 31: 256–276.

Jansa S.A., Giarla T.C. and Lim B.K.,2009.The phylogenetic position of the rodent genus Typhlomysand the geographic origin of Muroidea. *Journal of Mammalogy*, 90: 1083-1094.

Jensen J.L., Bohonak A.J. and Kelley S.T., 2005.Isolation by distance, web service. *BMC Genetics*, 6: 13, v.3.23 http://ibdws.sdsu.edu/

Jordan R. *G.*, Davis B. L. and Baccar, H.,1974.Karyotypic and morphometric studies of Tunisian *Gerbillus*. *Mammalia*, 38: 667–680.

K

Kingdon J., 1974. East African Mammals: an atlas of evolution in Africa.Vol. II-B (Hares and rodents), Academic press, London and New-York, 343-704.

Kowalski K. and Rzebik-Kowalska B., 1991.Mammals of Algeria, Ossolineum, Polish Academy of Sciences, Wroclaw, Poland, 371p.

Kröpelin S., Verschuren D., Lézine A.-M., Eggermont H., Cocquyt C., Francus P., Cazet J.-P., Fagot M., Rumes B. and Russel J.M., 2008. Climate-driven ecosystem succession in the Sahara: the past 6000 years. *Science*, 320:765-768.

L

Lataste F., 1881. Mammifères nouveaux d'Algérie (suite). *Le Naturaliste*, 64: 506 – 508.

Lay D.M., 1975.Notes on Rodents of the genus *Gerbillus* from Morocco. *Fieldana Zoology*, 65:89-101.

Lay D.M., 1983. Taxonomy of the genus *Gerbillus* (Rodentia: Gerbillinae) with comments on the applications of generic and subgeneric names and an annoted list of species. *Zeitschrift Fur Saugetierkunde*, 48: 329-354.

Lay D.M., Agerson K. and Nadler C.F., 1975.Chromosomes of some species of *Gerbillus* (Mammalia, Rodentia). *Zeitschrift Fur Saugetierkunde*, 40: 141-150.

Leblois R., Rousset F., Tikel D., Moritz C., Estoup A., 2000. Absence of evidence for isolation by distance in an expanding cane toad (Bufomarinus) population: an individual-based analysis of microsatellite genotypes. *Molecular Ecology*, 9: 1905-1909.

Lecointre G. et Le Guyader H., 2001. Classification phylogénétique du vivant. Belin, Paris, 543 p.

Lecompte E., Aplin K., Denys C., Catzeflis F., Chades M. and Chevret P., 2008. Phylogeny and biogeography of African Murinae based on mitochondrial and nuclear gene sequences, with a new tribal classification of the subfamily. *BMC Evolutionary Biology*, 8: 199

Lezine A. M., 2007. Pollen records, postglacial. **In**: Encyclopaedia of Quaternary Sciences, Scott A Elias ed., Elsevier. Vol.4. Mid-Holocene land-surface conditions in northern Africa and the Arabian Peninsula: A data set for the analysis of biogeophysical feed backs in the climate system. *Global Biogeochemical Cycles*, 12: 2682-2698.

Lezine A.-M., 2009. Climatic history of the African and Arabian deserts, *Geosciences* 341: 569–574.

Lorenzen E. D., Heller R. and Siegismung H.R., 2010. Comparative phylogeography of African Savannah ungulates. *Molecular Ecology*, 21: 3656-3670.

M

Martin Y., Gerlach *G.*, Schlötterer C. and Meyer A., 2000. Molecular phylogeny of European Muroid Rodents based on complete cytochrome b sequences. *Molecular Phylogenetics and Evolution*, 16: 37-47.

Matthey R., 1954. Nouvelles données sur les formules chromosomiques des Muridae. *Experientia*, 6: 1-44.

Mayr E., 1974. Populations, Espèces et Evolution. Hermann, Paris, 496p.

Mayr E., 1942. Systematics and the Origin of Species, Colombia University, Press, New York, 334p.

McNeely J.A. and Neronov V.M., 1991.Mammals in the Palaearctic desert: Status and trends in the Sahara-Gobian region. The Russian Academy of Sciences, the Russian Committee for the UNESCO programme MAB, Moscou, 298p.

Meynard C.N., Devictor V., Mouillot D., Thuiller W., Jiguet F. and Mouquet N., 2011. Beyond taxonomic diversity patterns: how do α, β, and γ components of bird functional and phylogenetic diversity respond to environmental gradients across France*? Global Ecology and Biogeography*, 20: 893-903.

Meynard, C. N., N. Pillay, M. Perrigault, P. Caminade, and *G.* Ganem. 2012.Evidence of environmental niche differentiation in the striped mouse (Rhabdomys sp.): inference from its current distribution in southern Africa. *Ecology and Evolution*, 2:1008-1023.

Metallinou M., Arnold E.N., Crochet P.-A., Geniez P., Brito J. C., Lymberakis P., El Din S.B., Sindaco R., Robinson M. and Carranza S., 2012. Conquering the Sahara and Arabian deserts: systematics and biogeography of Stenodactylus geckos (Reptilia: Gekkonidae). *BMC Evolutionary Biology*, 12: 258.

Miskovsky J.C., 1983. Limites et chronostratigraphie du Villafranchien méditerranéen, *Bulletin de l'Association française pour l'étude du quaternaire*, 20 : 55-63.

Miralles A., Vasconcelos R., Perera A., Harris D.J. and Carranza S., 2011.An integrative taxonomic revision of the CapeVerdean skinks (Squamata, Scincidae). *Zoologica Scripta*, 40: 16-44.

Montgelard C., Bentz S., Tirard C., Verneau O. and Catzeflis F.M., 2002. Molecular systematics of Sciurognathi (Rodentia): the mitochondrial cytochrome b and 12S rRNA genes support the Anomaluroidea (Pedetidae and Anomaluridae). *Molecular Phylogenetics and Evolution*, 22: 220-233.

Mora C, Tittensor D.P., Adl S., Simpson A.*G.B.* and Worm B., 2011. How Many Species Are There on Earth and in the Ocean? *Plos One* 9: e1001127. doi:10.1371/journal.pbio.1001127.

Moritz C. and Faith D., Comparative phylogeography and the identification of genetically divergent areas for conservations. *Molecular Ecology*, 7:419-429.

Mouline K., Granjon L., Galan M., Tatard C., Abdoullaye D., Atteyine S.A., Duplantier J.M. and Cosson J.F., 2008. Phylogeography of a Sahelian rodent species Mastomys huberti: a Plio-Pleistocene story of emergence and colonization of humid habitats. *Molecular Ecology*, 17: 1036-1053.

Mundy N. I. and Kelly J., 2001. Phylogeny of lion tamarins (Leontopithecusspp) based on interphotoreceptor retinol binding protein intron sequences. *American Journal of Primatology*, 54: 33-40.

Musser *G. G.* and Carleton M. D., 2005. Superfamily Muroidea. **In** D. E. Wilson & D. M. Reeder (Eds) Mammal Species of theWorld. A Taxonomic and Geographic Reference, Vols. 1 and 2. Baltimore, MD: John Hopkins University Press, 894–1531.

N

Ndiaye A., Bâ K., Aniskin V., Benazzou T., Chevret P., Konecny A., Sembene M., Tatard C., Kergoat *G.J.* and Granjon L., 2012. Evolutionary systematics and biogeography of endemic gerbils (Rodentia, Muridae) from Morocco: an integrative approach. *Zoologica scipta*, 41: 11-28.

Ndiaye A., Shanas U., Chevret P., and Granjon L., 2013. Molecular variation and chromosomal stability within *Gerbillus nanus* (Rodentia, Gerbillinae): taxonomic and biogeographic implications. *Mammalia*, 77: 105-111.

Ndiaye A., Hima K., Dobigny *G.*, Sow A., Dalecky A., Bâ K., Thiam M. and Granjon L. (soumis, Zoologischer Anzeiger). Integrative study of a poorly known Sahelian rodent species, *Gerbillus nancillus* (Rodentia, Gerbillinae).

Nesi N., 2007. Phylogéographie comparée des espècessahariennes*Gerbillus pyramidum*, *Gerbillus tarabuli* et *Gerbillus gerbillus* inféodées aux zones sableuses. Master II, Museum National d'Histoire Naturelle, Paris, 41p.

Nicolas V., Granjon L., Dplantier J.–M., Cruaud C. and Dobigny *G.*, 2009. Phylogeography of spiny mice (genus Acomys, Rodentia: Muridae) from the south-western margin of the Sahara with taxonomic implications. *Biological Journal of the Linnean Society*, 98: 29-46.

Nicolas V., Schaeffer B., Missoup A.D., Kennis J., Colyn M., Denys C., Tatard C., Cruaud C. and Laredo C., 2012.Assessment of three mitochondrial genes (16S, Cytb, CO1) for identifying species in the Praomyini Tribe (Rodentia: Muridae). *Plos One*, 7: e36586, doi:10.1371/journal.pone.0036586.

Nicolas V., Ndiaye A., Benazzou T., Souttou K., Delapre A., Couloux A. and Denys C., (accepted, Journal of Mammalogy). Phylogeography of the North African Dipodil (Rodentia: Muridae) based on Cytochrome b sequences.

O

Osborn D.J. and Helmy I., 1980.The contemporary land mammals of Egypt (including Sinai). *Fieldana Zoology*, 579p.

P

Padial J. M. and de la RivaI., 2009.Integrative taxonomy reveals cryptic Amazonian species of Pristimantis (Anura: Strabomantidae). *Zoological Journal of the Linnean Society*, 155: 97–122.

Pagès M., Chaval Y., Herbreteau V., Waengsothorn S., Cosson J.-F., Hugot J.-P., Morand S., Michaux J., 2010. Revisiting the taxonomy of the Rattini tribe: a phylogeny-based delimitation of species boundaries. *BMC Evolutionary Biology*, 10:184.

Pavlinov I.J.A., 1982. Phylogeny and classification of the subfamily Gerbillinae. *Bulletin of Moscow Society of Naturalists*, 87: 19-31 (In Russian).

Pavlinov I. J.A., Dubrovsky A.Y., Potapova E.*G.*, and Rossolimo O.L., 1990. [Gerbils of the world] Nauka publications, Moscow [in Russian], 368p.

PavlinovI.J.A., 2001. Current concepts of Gerbillids phylogeny and classification.**In**: African small mammals (C. Denys, L. Granjon, and A. Poulet, eds.). IRD Éditions, Collection Colloques et Séminaires, Paris, 141-149.

Pavlinov I. Y., 2008. A review of phylogeny and classification of Gerbillinae (Mammalia: Rodentia).Moscow Univerity Publication, 68 p.

Petter F., 1959. Evolution du dessin d'usure de la surface des molaires des Gerbillidés. *Mammalia*, 23: 304-315

Petter F., 1968. Rodentia: Gerbillinae (excluding the genera Tatera and Gerbillurus). **In**: Meester J. (Ed.), Preliminary identification manual for African mammals. Smithsonian Institution, Washington.

Petter F., 1975. Preliminary identification Manual for African mammals, Chapitre 17 Rodentia: Gerbillinae, Smithsonian Institution, Washington,

Petter F., 1961. Répartition géographique et écologique des Rongeurs désertiques (du Sahara occidental à l'Iran oriental). *Mammalia*, 25(numéro spécial): 1-222.

Petter F., 1973. Tendances évolutives dans le genre *Gerbillus* (Rongeurs, Gerbillidés), *Mammalia*, 37: 631-636.

Petter F, 1975. La diversité des Gerbillidés, Chap. VIII. **In**: Rodents in desert environments, The Hague, 167-183.

Piry S. and Le Fur J., 2009. Showcase of the database on Sahelo-Sudanian rodents (information on available samples and collecting means). http://www.bdrss.ird.fr/bdrsspub_form.php.

Posada D., 2008.jModelTest: phylogenetic model averaging. *Molecular Biology and Evolution*, 25: 1253–1256.

Poux C. and Douzery E.J.P., 2004. Primate phylogeny, evolutionary rate variations and divergence times: A contribution from the nuclear gene IRBP. *American Journal of Physical Anthropology*, 124: 1-16.

Q

Qumsiyeh M.B.H., 1986. Chromosomal Evolution in the rodent family Gerbillidae, PhD thesis, TexasTechUniversity, 109 p.

Qumsiyeh M. B., Schlitter D. A., and Disi A. M., 1986.New records and karyotypes of small mammals from Jordan. *Zeitschrift für Säugetierkunde*, 51:139-146.

Qumsiyeh M.B. and Schlitter D.A., 1991.Cytogenetic data on the rodent family Gerbillidae. Occasional Papers, Museum Texas TechUniversity, 144: 1 – 20.

R

R development Core Team, 2008. R: a language and environment for statistical computing. R Foundation for Statistical Computing, Vienna, Austria. ISBN 3-9000051-07-0, URL http://www.R-project.org.

Rambaut A. and Drummond A. J., 2007. BEAST: Bayesian evolutionary analysis by sampling trees. *BMC Evolutionary Biology*, 7: 214.

Ranck G.L., 1968. The Rodents of Libya Taxonomy, Ecology and Zoogeographical Relationships. WashingtonD.C., 264p.

Rato C., Brito J.C., Carretero M.A., Larbes S., Shacham B. and Harris D.J., 2007. Phylogeography and genetic diversity of Psammophisschokari (Serpentes) in North Africa based on mitochondrial DNA sequences. *African Zoology*, 42: 112-117.

Riedel A., Sagata K., Suhardjono Y.R., Tanzler R. and Balke M., 2013. Integrative taxonomy on the fast track - towards more sustainability in biodiversity research. *Frontiers in Zoology*, 10: 15.

Rogers A.R. and Harpending H., 1992. Population growth makes waves in the distribution of pairwise genetic differences. *Molecular Biology and Evolution*, 9: 552-569.

Rognon P., 1993. Biographie d'un désert: le Sahara. L'Harmattan, Paris, 347p.

Ronquist F., and Huelsenbeck J.P., 2003.MrBayes3: Bayesian phylogenetic inference under mixed models. *Bioinformatics*, 19: 1572-1574.

Rosevear D.R., 1969. The Rodents of West Africa.Trustees of the British museum (natural history), London, 604p.

Rozas J., Sanchez-DelBarrio J.C., Messeguer X., Rozas R., 2010. DnaSP, DNA polymorphism analyses by the coalescent and other methods. *Bioinformatics*, 19: 2496-7.

Rychlik L., Ramalhinho *G.* and Polly P. D., 2006. Response toenvironmental factors and competition: skull, mandible andtooth shapes in Polish water shrews (Neomys, Soricidae, Mammalia). *Journal of Zoological Systematics and Evolutionary Research*, 44: 339–351.

S̲

Saint-Girons M.-C.and Petter F., 1965. Les Rongeurs du Maroc. Travaux de l'Institut Scientifique Chérifien, *Série Zoologie n°21*, 59p.

Schlitter D. A., Rautenbach I. L. and Coetzee C. G., 1984. Karyotypes of southern African gerbils, genus Gerbillurus Shortridge, 1942 (Rodentia: Cricetidae), *Annals of Carnegie Museum*, 53: 549-557.

Schuster M., Duringer P., Ghienne J. F., Vignaud P., Mackaye H. T., Likius A. and Brunet M., 2006. The age of the Sahara desert, *Science*, 311: 821

Sembene M., 2006. The orogin of groundnut infestation by the seed beetle Caryedon Serratus (olivier) (Coleoptera: Bruchidae): Results from cytochrome B and ITS1 gene sequences, *Journal of Molecular Evolution*, 41: 531-538.

Sereno P. C., Garcea E. A. A., Jousse H., Stojanowski C. M., Saliège J.-F., Maga A., Ide O. A., Knudson K. J., Mercuri E. M., Stafford T. W., Kaye T. G., Giraudi C., N'siala I. M., Cocca E., Moots H. M., Dutheil D. B., Stivers J. P. and Harpending H., 2008. Lakeside Cemeteries in the Sahara: 5000 Years of Holocene Population and Environmental Change. *Plos One*, 3: e2995, doi: 10.1371/journal.pone.0002995.

Setzer H. W., 1956. Mammals of the Anglo-Egyptian Sudan. *Proceedings of the United States National Museum*, 106: 447-587.

Setzer H. W., 1958. The Gerbils of Egypt.*The Journal of The Egyptian Public Health Association*, 6: 205-227.

Shenbrot *G*. I. and Krasnov B., 2001.Geographic variation in the role of gerbils and jirds (Gerbillinae) in rodent communities across the Great Palearctic desert belt.**In**: African small mammals, IRD Éditions, Collection Colloques et Séminaires, Paris, 511-529.

Shenbrot *G.*, Krasnov B. and Rogovin K., 1999.Spatial ecology of desert rodent ecology.Springer-Verlag, Heidelberg, 292p.

Slatkin M. and Hudson R.R., 1991.Pairwise comparisons of Mitochondrial DNA Sequences in Stable and Exponentially Growing Populations. *Genetics*, 129: 555-562.

Smith M.R., Shivji M.S., Waddell V.*G*. and Stanhope M.J., 1996.Phylogenetic evidence from the IRBP gene for the paraphyly of Toothed Whales, with Mixed Support for Cetacea as suborder of Artiodactyla. *Molecular Biology and Evolution*, 17: 918-922.

Steppan S.J., Adkins R.M., Spinks P.Q. and Hale C., 2003. Multigene phylogeny of the Old World Mice, Murinae, reveals distinct geographic lineages and the declining utility of mitochondrial genes compared to nuclear genes. *Molecular Phylogenetics and Evolution*, 37: 370-388.

Steppan S.J., Adkins R.M., Spinks P.Q. and Hale C., 2005. Multigene phylogeny of the Old World mice, Murinae, reveals distinct geographic lineages and the declining utility of mitochondrial genes compared to nuclear genes. *Molecular Phylogenetics and Evolution*, 37: 370–388.

Suc J.P., 1983. Flores, végétations et climats dans le domaine méditerranéen de — 3 à — 1 M.A. Bulletin de l'Association française pour l'étude du quaternaire, 20 : 65-69.

T

Tajima F., 1989. Statistical method for testing the neutral mutation hypothesis by DNA polymorphism, *Genetics*, 3: 585-595.

Tamura K., Peterson D., Peterson N., Stecher *G.*, Nei M., and Kumar S., 2011. MEGA5: Molecular Evolutionary Genetics Analysis using maximum likelihood, evolutionary distance, and maximum parsimony methods. *Molecular Biology and Evolution*, 28: 2731 – 2739.

Thiam M., Bâ K., Ndiaye A., Diouf M., Ndour R. and Granjon L., 2012.Evolution des communautés de petits mammifères et de leurs parasites intestinaux dans le Sahel Sénégalais dans le contexte de la mise en place de la grande muraille verte. **In**: OHM.I Tessekere CNRS-UCAD, Les cahiers de l'observatoire International « Homme-Milieux » Tessekéré. Dakar, Sénégal, 75-85.

Tong H., 1989. Origine et évolution des Gerbillidae (Mammalia, Rodentia) en Afrique du Nord. *Mémoires de la Société Géologique de France*, 155: 1–120.

Tranier M., 1975. Originalité du caryotype de *Gerbillus* nigeriae (Rongeurs, Gerbillidés). *Mammalia*, 39: 703-704.

Tranier M. et Julien-Laferrière D., 1990. A propos de petites gerbilles du Niger et du Tchad (Rongeurs, Gerbillidae, *Gerbillus*). *Mammalia*, 54: 451–456.

Trauth M. H., Larrasoaña J. C. and Mudelsee M., 2009.Trends, rhythms and events in Plio-Pleistocene African climate. *Quaternary Science Reviews*, 23: 5-6.

V

Veyrunes F., Britton-Davidian J., Robinson T.J., Calvet E., Denys C. and Chevret P., 2005.Molecular phylogeny of the African pygmy mice, subgenus Nannomys(Rodentia, Murinae, Mus): implications for chromosomal evolution. *Molecular Phylogenetics Evolution*, 36: 358 – 369.

Vicentes F., Fontoura P., Cesari M., Rebecchi L., Guidetti R., Serrano A. and Bertolani R., 2013. Integrative taxonomy allows the identification of synonymous species and the erection of a new genus of Echiniscidae (Tardigrada, Heterotardigrada). *Zootaxa*, 6: 557-572.

Vignaud P., Duringer P., Mackaye H. T., Likius A., Blondel C., Boisserie J. R., de Bonis L., Eisenmann V., Etienne M. E., Geraads D., Guy F., Lehmann T., Lihoreau F., Lopez-Martinez N., Mourer-Chauviré C., Otero O., Rage J. C., Schuster M., Viriot L., Zazzo A., Brunet M., 2002. Geology and palaeontology of the Upper Miocene Toros-Menalla hominid locality, Chad. *Nature*, 418: 152-155.

Viégas-Pequignot E., Benazzou T., Prod'Homme M. and Dutrillaux B., 1984.Characterisation of a very complex constitutive heterochromatin in two *Gerbillus*species (Rodentia). *Chromosoma*, 89: 42–47.

Volobouev V., Viegas-Péquignot E., Petter F., Gautun J.C., Sicard B. and Dutrillaux B., 1988. Complex chromosomal polymorphism in *Gerbillus* nigeriae. *Journal of Mammalogy*, 69: 131–134.

Volobouev V., Lombard M., Tranier M. and Dutrillaux B., 1995.Chromosome-banding study in Gerbillinae (Rodentia). I. Comparative analysis of *Gerbillus* poecilops, *G. henleyi* and *G. nanus*. *Journal of Zoological Systematics and Evolutionary Research*, 33: 54-61.

Volobouev V., Aniskin V.M., Sicard B., Dobigny G. and Granjon L., 2007.Systematics and phylogeny of West African gerbils of the genus Gerbilliscus (Muridae: Gerbillinae) inferred from comparative G- and C-banding chromosomal analyses. *Cytogenetic and Genome Research*, 116: 269-281.

W

Wahrman J. and Zahavi A., 1955.Cytological contributions to the phylogeny and classification of the Rodent genus *Gerbillus.Nature*, 175: 600-602.

Wang Y., Zhao L.-M., Fang F.-J., Liao J.-C and Liu N.-F., 2013. Intraspecific molecular phylogeny and phylogeography of the Meriones meridianus (Rodentia: Cricetidae) complex in northern China reflect the processes of desertification and the TianshanMountains uplift. *Biological Journal of the Linnean Society*, 110: 362-383.

Wassif K., Lufty R.*G.*, and Wassif S., 1969. Morphological, cytological and taxonomical studies of the rodent genera *Gerbillus* and Dipodillus from Egypt. *Proceedings of the Egyptian Academy of Sciences*, 22:77-97.

Wassif S., 1981. Investigations on the relationships of the genera *Gerbillus* and Dipodillus, (Rodentia, Cricetidae) by the use of chromosome banding techniques. *Bulletin of Zoological Society of Egypt*, 31: 139-155.

Wessels W., Fejfar O., Pelàez-Campomanes P., van der Meulen A. and de Bruijn H., 2003. Miocene small mammals from Jebel Zelten, Lybia. *Coloquios de Paleontologia*, 1: 699-715.

Wessels W., 2009. Miocene rodent evolution and migration. Muroidea from Pakistan, Turkey and Northern Africa, *Geologica Ultraiectina*, 307: 290p.

Wilson E.O. (Editor), 1988. Biodiversity. National Academy Press, Washington, D.C., 521p.

Y

Yalden D. W., Largen M. J., Kock D. and Hillman J. C., 1996.Catalogue of the mammals of Ethiopia and Eritrea. 7. Revised checklist, zoogeography and conservation. *Tropical Zoology*, 9: 73-164.

Z

Zyadi F., 1988. Répartition de *Gerbillus* hoogstrali (Rongeurs, Gerbillidés) au sud du Maroc. *Mammalia*, 52: 132–133.

Zuckerland E. and Pauling L., 1965. Molecules as documents of Evolutionary History. *Journal of Theoretical Biology*, 8: 357-366.

ANNEXE 1- Manipulations ADN : cas de tissus dégradés (Plateforme Labex CeMeb)

10 échantillons ont été traités par jour lors des extractions (9 échantillons + 1 blanc). Avant de commencer toute manipulation, bien vérifier la disponibilité des réactifs et consommables.

Jour 1- Nettoyage

Mettre une blouse fine pour le nettoyage et des gants en latex au niveau du « sas d'entrée » puis aller dans la « Salle Mix » et nettoyer le sol à la javel (aller chercher eau dans pièce extraction ADN), nettoyer la paillasse et les hottes au Dnase away et mettre les UV sous la hotte. Passer à la « Salle ADN » et procéder de même que pour le nettoyage de la salle Mix. Mettre les UV au plafond et les éteindre en fin de journée.

Jour 2 – Préparatif des réactifs et digestion des tissus

Comme précédemment porter la blouse fine et aller dans la salle Mix pour préparer les réactifs pour PCR (dNTP, amorces, aliquoter l'eau) et stocker le tout au congélateur. Puis procéder au nettoyage de la hotte au Dnase away et mettre les UV   .

Passer à la salle « extraction » après avoir mis une blouse bleue + un masque + une charlotte + surchaussure et rajouter 25mL d'éthanol au tampon AW1 et 30mL d'éthanol au tampon AW2.

Sous la hotte préparer 10 tubes contenantle mélange ATL+ protéinase K, les homogénéiser et y transvaser le tissu du spécimen correspondant.Placer le tube sur l'agitateur à 56 °C pour la nuit et le recouvrir de papier aluminium pour protéger les tissus à extraire des UV.Recommencer pour chaque échantillon à extraire et en changeant de gants à chaque échantillon touché. Rajouter un tube d'extraction témoin. Nettoyer la hotte et les paillasses au Dnase away + mettre les UV du plafond.

Jour 3 – Suite Extraction ADN et Amplification par PCR

Passer à la salle Mix pour préparer le mix PCR et le distribuer sur une barette en veillant à bien la numéroter. Rajouter 3 témoins dont un premier blanc d'extraction sans ADN déposé (témoin extraction), suivi d'un second blanc (témoin PCR fermé) représenté par un tube fermé durant toute la préparation du mix PCR et un dernier blanc (témoin PCR ouvert) qui est un tube que l'on laisse ouvert durant toute la préparation du mix afin de vérifier la présence ou non d'aérosol. Fermer la barette ainsi préparée, nettoyer la hotte au DNAse away et mettre les UV puis passer à la salle extraction où nous conserverons la barette de mix au frigo jusqu'à son utilisation prochaine.

Dans la salle ADN, passer sous la hotte, préparer 5 tubes contenant chacun du tampon AL, de l'ethanol, de la solution AW1, de la solution AW2, le dernier tube servant à recueillir les déchets de l'extraction et procéder à l'extraction ADN propement dite. Il s'agit de prendre un tube (contenant tissu+ATL+protéinase K) situé au niveau de l'agitateur et d'aller sous la hotte pour ajouter 400µL du mélange AL+ethanol, vortexer 15s, puis de replacer le tube dans la centrifugeuse. Recommencer pour chaque échantillon en n'oubliant pas de changer de gants entre chaque echantillon touché. Une fois le dernier tube fait, procéder à une première centrifugation (8000rpm/1min). Pendant ce temps, préparer 10 colonnes Qiagen, dans lesquelles nous allons transvaser le contenu des tubes et refaire une centrifugation (8000rpm / 1 min). Vider le liquide dans le tube Falcon « déchets », préparer 10 nouveaux tubes de récuperation Qiagen. Ajouter 500 µLde solution AW1 dans la colonne et replacer le tube dans la centrifugeuse. Recommencer pour chaque échantillon et centrifuger à 8000rpm/1 min. Vider le liquide dans le Falcon « déchets », ajouter 500 µL de AW2 et placer le tube ds la centrifugeuse (8000rpm / 1 min).

Vider le liquide ds le falcon déchets et centrifuger (14000rpm / 3 min) pour sécher la colonne

Préparer 10 tubes eppendorf, ajouter 40 µL de tampon AE dans la colonne, centrifuger (14000rpm / 1 min), puis rajouter 40 µL de tampon AE, recommencer pour chaque échantillon en changeant de gants entre chaque echantillon.

Déposer 2 µL d'ADN dans la barette PCR prélablement préparée. Bien fermer la barette et lancer la PCR sur un thermocycleur. Puis procéder à un grand nettoyage (hotte et les paillasses au Dnase away et mettre les UV du plafond) pour préparer l'extraction des autres tissus. Procéder de même pour tous les tissus à extraire.

ANNEXE 2: Liste des individus (les références désignent uniquement les séquences de cytochrome b obtenues au cours de cette thèse ; * correspond aux séquences d'IRBP de même que les différents caryotypes obtenues dans cette thèse tandis que les mensurations reportées ici ne concernent que celles prises dans le cadre de la thèse)

ID	Code fig	Espèce	Pays	Localité	Latitude	Longitude	Cyt b	IRBP	Référence	Mcorp	Mcran	2n/NFa	utilisation
NMP48288		G. nanus	Libye	Sabha (Sabha), 23 km N	27.166667	14.55	JQ753052	Ok*	cette étude				S
N3009	N1	G. amoenus	Niger	Ourou, Aïr	19.16666666666668	7.966666666666667	ok	Ok*	cette étude			52/59	S,K
N3010	N2	G. amoenus	Niger	Vallée d°Iférouane, Aïr	18.9333333333334	8.25	ok		cette étude			52/58	S,K
N3014	N3	G. amoenus	Niger	Ourou, Aïr	19.16666666666668	7.966666666666667	ok		cette étude			52/58	S,K
N3028	N4	G. amoenus	Niger	Ourou, Aïr	19.16666666666668	7.966666666666667	ok		cette étude			52/59	S,K
N3033	N5	G. amoenus	Niger	Vallée d°Iférouane, Aïr	18.933333333	8.25	ok		cette étude			52/59	S,K

N3034	N6	*G. amoenus*	Niger	Ourou, Aïr	19.166666 6666666 8	7.9666666 66666667	ok	cette étude	52/ 58	S,K
N3138	N7	*G. amoenus*	Niger	N'guigmi, aéroport	14.25	13.15	ok	cette étude	52/ 58	S,K
N3142	N8	*G. amoenus*	Niger	N'guigmi, bord du lac	14.183333 33333333 4	13.183333 33333333 4	ok	cette étude	52/ 59 ?	S,K
N3167	N9	*G. amoenus*	Niger	Bosso	13.683333 33333333 4	13.283333 33333333 3	ok	cette étude	52/ 58	S,K
N3168	N10	*G. amoenus*	Niger	Bosso	13.683333 33333333 4	13.283333 33333333 3	ok	cette étude	52/ 58	S,K
N3198	N11	*G. amoenus*	Niger	N'guigmi, aéroport	14.25	13.15	ok	cette étude	52/ 59	S,K
N3241	N12	*G. amoenus*	Niger	Bilma	18.683333 33333333 4	12.916666 66666666 6	ok	cette étude	52/ 58	S,K

N3251	N13	G. amoenus	Niger	Agadez, Alacess	16.9666666 66666665	7.9833333 33333333	ok	cette étude			52/58	S,K
N3289	N14	G. amoenus	Niger	Chetimari	13.183333 33333334	12.55	ok	cette étude			52/58 ?	S,K
N3312	N15	G. amoenus	Niger	Bilma	18.683333 33333334	12.916666 66666666	ok	cette étude			52/58	S,K
99-032	N17	G. amoenus	Niger	EGUERER	18.2	1.4	ok	cette étude			52/58	S,K
99-033	N19	G. amoenus	Niger	EGUERER	18.2	1.4	ok	cette étude			52/58	S,K
99-052	N20	G. amoenus	Niger	OUARTIGACH	19.5	1.2666666 66666666	ok	cette étude			52/58	S,K
99-053	N21	G. amoenus	Niger	TERARABAT	19.4	1.2333333 33333334	ok	cette étude			52/58	S,K
TER2	N47	G. amoenus	Niger	Massif de Termit, camp Seamus	16.4238	11.455916 66666666 7	ok	cette étude				S

TER3	N48	*G. amoenus*	Niger	Massif de Termit, camp Seamus	16.0706333333333 3	11.4559166666666 7	ok	cette étude	S
TER4	N49	*G. amoenus*	Niger	Massif de Termit, camp Seamus	16.07125	11.45540000000000 1	ok	cette étude	S
TER5	N50	*G. amoenus*	Niger	Massif de Termit, camp Seamus	16.07125	11.45540000000000 1	ok	cette étude	S
TER6	N51	*G. amoenus*	Niger	Massif de Termit, camp Seamus	16.0726166666666 5	11.4542833333333 3	ok	cette étude	S
TER7	N52	*G. amoenus*	Niger	Massif de Termit, camp Seamus	16.0726166666666 5	11.4542833333333 3	ok	cette étude	S
199701 6	N16	*G. amoenus*	Mauritanie	Nouackchott	18.2	15.966666 66666666 -	AJ85 1270 ok	Chevret et al. (2005)	S

ID	N	Species	Country	Location				Source			
S10383	N22	*G. amoenus*	Mauritanie	PK 80/ N. Nouakchott	18.7345277777778	-14.37993611111111	ok	cette étude		52	S,K
S10390	N23	*G. amoenus*	Mauritanie	LEMCID	18.15	-15.9	ok	cette étude			S
S10399	N24	*G. amoenus*	Mauritanie	LEMCID	18.16666666666668	-15.88333333333333	ok	cette étude			S
ZBSC0239	N53	*G. amoenus*	Mauritanie	Atar, 32km SW of	20.2650502	-13.2075922	ok	cette étude			S
				Adrar des Iforas				P. Chevret (données non publiées)	ok		
199903 2	N18	*G. amoenus*	Mali		18.2	1.4	ok	ok			S
M4928	N25	*G. amoenus*	Mali	Tillemsi (Vallée)	17.2333333333334	0.23333333333334	ok	cette étude			S

M4951	N26	*G. amoenus*	Mali	Tillemsi (Vallée)	17.2166666666666 5	0.2333333333 34	ok		cette étude	S
M5002	N27	*G. amoenus*	Mali	Tillemsi (Vallée)	17.233333333333 4	0.2333333333 34	ok		cette étude	S
M4943	N28	*G. amoenus*	Mali	Tessalit	20.2	1.0166666 66666666	ok		cette étude	S
M5231	N29	*G. amoenus*	Mali	In Tebezas	18.016666 66666666 6	1.85	ok		cette étude	S
M5235	N30	*G. amoenus*	Mali	Abeibara	19.016666 66666666 6	1.8333333 33333333 5	ok		cette étude	S
M5251	N31	*G. amoenus*	Mali	Abeibara	19	1.7666666 66666666 6	ok		cette étude	S
M5301	N32	*G. amoenus*	Mali	In Tebezas	18.016666 66666666 6	1.8166666 66666666 7	ok		cette étude	S

M5302	N33	G. amoenus	Mali	Bourem	16.95	-0.65	ok		cette étude				S
M5309	N34	G. amoenus	Mali	Tidermène	17.033333333335	2.11666666666667	ok		cette étude				S
M5310	N35	G. amoenus	Mali	Bourem	16.95	-0.65	ok		cette étude				S
M5311	N36	G. amoenus	Mali	In Tebezas	18.016666666666	1.85	ok		cette étude				S
M5312	N37	G. amoenus	Mali	Tidermène	17.033333333335	2.11666666666667	ok		cette étude				S
M5325	N38	G. amoenus	Mali	Tidermène	17.016666666666	2.1	ok		cette étude				S
M5925	N39	G. amoenus	Mali	Oued Chacheguerène	19.716666666666	0.0166666666666	ok		cette étude				S
M5960	N40	G. amoenus	Mali	Kreb in Karoua	19.716666666666	0.1833333333332	ok		cette étude				S

M5965	N41	*G. amoenus*	Mali	Tessalit	20.0166666666666	0.933333333333	ok		cette étude	S
M5973	N42	*G. amoenus*	Mali	Tessalit	20.0166666666666	0.933333333333	ok		cette étude	S
M5980	N43	*G. amoenus*	Mali	Tessalit	20.1833333333334	1.933333333333	ok		cette étude	S
M6106	N44	*G. amoenus*	Mali	Vallée du Tillemsi	18.0333333333335	0.483333333333	ok		cette étude	S
M-TES11	N45	*G. amoenus*	Mali	Tessalit	20.0166666666666	0.933333333333	ok		cette étude	S
M-TES23	N46	*G. amoenus*	Mali	Tessalit	20.25	1.983333333333	ok		cette étude	S
101215		*G. a, amoenus*	Egypte	El Amiriya	31.0166666666667	31.583333333	ok		cette étude	S
101222		*G. a, amoenus*	Egypte	El Amiriya	31.0166666666667	31.583333333	ok		cette étude	S

101224	G. a, amoenus	Egypte	El Amiriya	31.016666 666667	31.583333 333333	ok		cette étude			S
79364	G. a, amoenus	Egypte	Bir Victoria	30.616666 666667	30.4	ok		cette étude			S
86825	G. a, amoenus	Egypte	Damanhur, Hafs	30.333333 333333	31	ok		cette étude			S
86827	G. a, amoenus	Egypte	Damanhur, Hafs	30.333333 333333	31	ok		cette étude			S
07-044	G. anderso ni	Israel	Moshav Avshalon	31.2127	34.3363	ok	Ok*	cette étude		40/76*	S,K
							ok	P. Chevret (donné es non publiée s)			
Gand2	G. anderso ni	Israel	Western Negev	31.1758	34.3455	ok	ok				S
NMP 48323	G. anderso ni	Libye	Sabkhat Karkurah (Bengh.)	31.416667	20.033333	ok	Ok*	cette étude			S

NMP								
48241	*G. andersoni*	Jordanie	Wadi Rum	39.616667	35.433333	ok	cette étude	S
99817	*G. a andersoni*	Egypte	Baltim	31.083333 333333	31.55	ok	cette étude	S
99822	*G. a andersoni*	Egypte	Baltim	31.083333 333333	31.55	ok	cette étude	S
99825	*G. a andersoni*	Egypte	Baltim	31.083333 333333	31.55	ok	cette étude	S
99818	*G. a andersoni*	Egypte	Baltim	31.083333 333333	31.55	ok	cette étude	S
99819	*G. a andersoni*	Egypte	Baltim	31.083333 333333	31.55	ok	cette étude	S

199706 3	G. campestris	Tunisie	Sidi Bouzid	ca. 35.033219	ca. 9.5	ok	ok	P. Chevret (données non publiées)			S
199903 0	G. campestris	Mali	Edjerir (Adrar des iforas)	18.2	1.4	AJ85 1271	ok	P. Chevret (données non publiées)	56		S,K
199904 0	G. campestris	Niger	Air	16.966667	7.983056	ok	Ok	P. Chevret (données non publiées)	56/ 68		S,K
MAR08 -LG078	G. campestris	Maroc	5 km N Aglou	29.833333	-9.783333	JN02 1401	Ok*	cette étude			S

	Espèce	Pays	Localité	Latitude	Longitude	GU356565		Abiadh et al. (2010)	+	56/68	S,K
campestris65	*G. campestris*	Tunisie	Bouhedma	34.8	9.983333			P. Chevret (données non publiées)		56/68	S,K
Gcamp1	*G. campestris*	Niger	Aïr	17	8	JN652801					S
NMP 48282	*G. campestris*	Libye	Ghadamis (Tarabulus)	30.133333	9.483333	ok	Ok*	cette étude			S
LG85	*G. campestris*	Maroc	Aglou	29.90889	-9.96972	ok		cette étude			S
LG29	*G. campestris*	Maroc	3km S Essaouira	31.49917	-9.83361			cette étude	+		M
LG30	*G. campestris*	Maroc	3km S Essaouira	31.49917	-9.83361			cette étude	+		M

LG31	*G. campestris*	Maroc	3km S Essaouira	31.49917	-9.83361			cette étude	+		M
LG32	*G. campestris*	Maroc	3km S Essaouira	31.49917	-9.83361			cette étude	+		M
LG33	*G. campestris*	Maroc	3km S Essaouira	31.49917	-9.83361			cette étude	+		M
LG34	*G. campestris*	Maroc	3km S Essaouira	31.49917	-9.83361			cette étude	+		M
								P. Chevret (données non publiées)			
1984NNN	*G. cheesmani*	?	?			ok		cette étude			S
NMP93 840	*G. cheesmani*	Yemen	Lahj al Hutah	13.166667	44.816667	ok	Ok*	cette étude			S

206

	Species	Country	Location					Source					S
NMP 48238	*G. cheesmani*	Jordanie	Wadi al-Araba, Huwar	29.966667	35.083333	ok		cette étude					S
11168	*G. dasyurus*	Israel	Har Karkom	30.2833	34.75	ok	ok	P. Chevret (donnés es non publiée s)					S
Gdas2	*G. dasyurus*	Israel	Nahal Nitzana	30.615	34.798	ok	ok	P. Chevret (donnés es non publiée s)					S
F2	*G. floweri*	Israel	Revivim	31.0144	34.7034	ok	Ok*	cette étude					S
1997017 G1	*G. gerbillus*	Mauritanie	Nouakchott	18.333333333333332	-14.033333333333	ok		Nesi 2007					S

207

1999278	G2	*G. gerbillus*	Mauritanie	Tamzakt	17.4333333333334	-15.95	ok	Nesi 2007				S
1999279	G3	*G. gerbillus*	Mauritanie	Nouakchott	18.3333333333332	-14.03333333333333	ok	Nesi 2007				S
1999280	G4	*G. gerbillus*	Mauritanie	Nouakchott	18.3333333333332	-14.03333333333333	ok	Chevret et al. (2005)				S
1999281	G5	*G. gerbillus*	Mauritanie	Nouakchott	18.1	-14.03333333333333	ok	Nesi 2007				S
S8413	G27	*G. gerbillus*	Mauritanie	Touajil	22.1288888888888	-11.310722222223	ok	cette étude				S
S8415	G28	*G. gerbillus*	Mauritanie	Touajil	22.1288888888888	-11.310722222223	ok	cette étude				S

S8416	G29	*G. gerbillus*	Mauritanie	Touajil	22.128888 88888888 8	-11.310722 22222222 3	ok	cette étude	S
S8419	G30	*G. gerbillus*	Mauritanie	Touajil	22.128888 88888888 8	-11.310722 22222222 3	ok	cette étude	S
S8420	G31	*G. gerbillus*	Mauritanie	Touajil	22.128888 88888888 8	-11.310722 22222222 3	ok	cette étude	S
S8421	G32	*G. gerbillus*	Mauritanie	Touajil	22.128888 88888888 8	-11.310722 22222222 3	ok	cette étude	S
S10357	G33	*G. gerbillus*	Mauritanie	Souegya	20.267613 88888888	-12.866138 88888888	ok	Nesi 2007	S
S10386	G34	*G. gerbillus*	Mauritanie	5 Km Sud LEMCID	18.151708 33333333 2	-15.898022 22222222	ok	Nesi 2007	S

S10391	G35	G. gerbillus	Mauritanie	5 Km Sud LEMCID	18.151708333333332	-15.898022 22222222	ok		Nesi 2007			S
S10412	G36	G. gerbillus	Mauritanie	Tiguent	17.200555 5555557	-15.930825	ok		Nesi 2007			S
S10465	G37	G. gerbillus	Mauritanie	Keur Massène	16.553091 66666666 7	-15.766483 33333333	ok	Ok*	Nesi 2007			S
ZBSC0 065	G46	G. gerbillus	Mauritanie	Nouakchott, 115km NE of	18.919427	-15.384957	ok		cette étude			S
ZBSC0 080	G47	G. gerbillus	Mauritanie	Oued Aimou, 7km N of	20.679607	-16.031008	ok		cette étude			S
ZBSC0 199	G48	G. gerbillus	Mauritanie	Gherd el 'Angra	21.280292 9	-16.091782 4	ok		cette étude			S
ZBSC0 200	G49	G. gerbillus	Mauritanie	Gherd el 'Angra	21.280292 9	-16.091782 4	ok		cette étude			S
ZBSC0 201	G50	G. gerbillus	Mauritanie	Gherd el 'Angra	21.280292 9	-16.091782 4	ok		cette étude			S

ZBSC0202	G51	*G. gerbillus*	Mauritanie	Gherd el 'Angra	21.2802929	- 16.0917824	ok	cette étude				S
ZBSC0209	G52	*G. gerbillus*	Mauritanie	Azeffâl	21.1974857	- 14.2221218	ok	cette étude				S
2002291	G6	*G. gerbillus*	Niger	Gougaram	18.55	7.783333333333	ok	Nesi 2007				S
2002416	G7	*G. gerbillus*	Niger	Achegour	19.01666666666666	11.71666666666667	ok	Nesi 2007				S
2002451	G8	*G. gerbillus*	Niger	Amzeguer	17.21666666666665	9.23333333333	ok	Nesi 2007				S
2002468	G9	*G. gerbillus*	Niger	Achegour	19.01666666666666	11.71666666666667	ok	Nesi 2007				S

										P. Chevret (données non publiées)					S
200246 1	G10	*G. gerbillus*	Niger	Achegour	19.0166666666666	11.716666666666 7	ok	ok							S
TER10	G38	*G. gerbillus*	Niger	Massif de Termit, camp Seamus	16.0708333333333 3	11.45555		ok		cette étude					S
TER15	G39	*G. gerbillus*	Niger	Massif de Termit, camp Seamus	16.0704833333333 2	11.456133 33333333 4		ok		cette étude					S
TER16	G40	*G. gerbillus*	Niger	Massif de Termit, camp Seamus	16.0707166666666 6	11.45635		ok		cette étude					S
TER27	G41	*G. gerbillus*	Niger	Massif de Termit, vallée de Colocynthus	16.0726166666666 5	11.453383 33333333 3		ok		cette étude					S
TER29	G42	*G. gerbillus*	Niger	Massif de Termit, vallée de Colocynthus	15.8055833333333 3	11.453005 55555555 6		ok		cette étude					S

212

												S
TER11	G43	*G. gerbillus*	Niger	Massif de Termit, camp Seamus	16.07195	11.454683 33333333	ok		cette étude			S
TER12	G44	*G. gerbillus*	Niger	Massif de Termit, camp Seamus	16.072697 22222222	11.454416 66666666 7	ok		cette étude			S
TER31	G45	*G. gerbillus*	Niger	Massif de Termit, vallée de Colocynthus	15.803183 33333333 3	11.45235	ok		cette étude			S
M4595	G11	*G. gerbillus*	Mali	Tsinsack	16.733333 33333333 4	-1.05	ok		Nesi 2007			S
M4602	G12	*G. gerbillus*	Mali	Tsinsack	16.733333 33333333 4	-1.05	ok		Nesi 2007			S
M4613	G13	*G. gerbillus*	Mali	Tsinsack	16.733333 33333333 4	-1.05	ok		Nesi 2007			S
M4940	G14	*G. gerbillus*	Mali	Kreb in Karoua	19.35	0.1833333 33333333 32	ok	Ok*	Nesi 2007			S

213

M4953	G15	G. gerbillus	Mali	Tillemsi (Vallée)	19.35	0.18333333333332	ok	Ok*	Nesi 2007				S
M5612	G16	G. gerbillus	Mali	Tombouctou	16.75	-1.016666666666	ok		Nesi 2007				S
M5928	G17	G. gerbillus	Mali	Inabog	19.316666666666	0.23333333333333	ok	Ok*	Nesi 2007				S
M5934	G18	G. gerbillus	Mali	Inabog	19.316666666666	0.23333333333333	ok		Nesi 2007				S
M5938	G19	G. gerbillus	Mali	Touerat	17.816666666666	-2.8166666666666	ok		Nesi 2007				S
M5939	G20	G. gerbillus	Mali	Inabog	19.3333333333332	0.23333333333333	ok		Nesi 2007				S
M5947	G21	G. gerbillus	Mali	Inabog	19.316666666666	0.23333333333333	ok		Nesi 2007				S

M5953	G22	G. gerbillus	Mali	Touerat	17.8166666666666	-2.8166666666666	ok		Nesi 2007		S
M5957	G23	G. gerbillus	Mali	Oued Chacheguerène	16.7	0.01666666666666	ok		Nesi 2007		S
M5958	G24	G. gerbillus	Mali	Touerat	17.8166666666666	-2.8166666666666	ok		Nesi 2007		S
M5970	G25	G. gerbillus	Mali	Oued Chacheguerène	16.7	0.01666666666666	ok		Nesi 2007		S
M5985	G26	G. gerbillus	Mali	Inabog	19.35	0.2333333333333	ok		cette étude		S
Geger1		G.gerbillus	Israel	Makhtesh Ramon	ca. 30.60	ca. 35.85	ok	ok	Nesi 2007		S
199701 5		G.gerbillus	Egypte	ouest Egypte	25.7	28.883333	ok	Ok*	Nesi 2007		S
gerbillu s63		G.gerbillus	Tunisie	Faouar	33.266667	8.483333	GU35 6563		Abiadh et al. (2010)	42/74	S,K

								Nesi 2007			
199701 2	G.gerbillus	Algerie	Beni-Abbès	30.066667	2.083333	ok					S,K
Gg7	G.gerbillus	Israel	Aïr bar, Arava	29.816844	35.033544	ok	Ok*	cette étude	+		S
LG126	G.gerbillus	Maroc	7km N Tarfaya	27.95	12.766667	JN02 1411	Ok*	cette étude	+	43/74 *	S,M,K
LG112	G.gerbillus	Maroc	14 km N Tarfaya			JN02 1403		cette étude	+		S, M
LG113	G.gerbillus	Maroc	Tarfaya	28.05028	-12.92861	ok		cette étude	+		S, M
LG120	G.gerbillus	Maroc	Tarfaya	28.05028	-12.92861	ok		cette étude	+		S, M
LG121	G.gerbillus	Maroc	Tarfaya	28.05028	-12.92861	ok		cette étude	+		S, M
LG122	G.gerbillus	Maroc	Tarfaya	28.05028	-12.92861	ok		cette étude	+		S, M
LG111	G.gerbillus	Maroc	7km N Tarfaya	28.05028	-12.92861	ok		cette étude	+		S, M
LG123	G.gerbillus	Maroc	12km N Tarfaya	28.05028	-12.92861	ok		cette étude	+		S, M

	Species	Country	Locality	Latitude	Longitude		Source		
LG124	*G.gerbillus*	Maroc	12km N Tarfaya	28.05028	-12.92861	ok	cette étude	+	S, M
LG125	*G.gerbillus*	Maroc	12km N Tarfaya	28.05028	-12.92861	ok	cette étude	+	S, M
			Achegour				P. Chevret (données non publiées)		
Ge. gerb1	*G.gerbillus*	Niger		ca. 19.023611	ca. 11.730278	ok	cette étude		S
BM113	*G.gerbillus*	Mauritanie	Touajil	22.12917	-12.68917		cette étude	+	M
101113	*G. g. gerbillus*	Egypte	Salum, 12 mi SE	25.2945	31.44295	ok	cette étude		S
101161	*G. g. gerbillus*	Egypte	El Maghra Oasis, 45 km S	28.91667	29.84407	ok	cette étude		S
101162	*G. g. gerbillus*	Egypte	El Maghra Oasis, 45 km S	28.91667	29.84407	ok	cette étude		S
101167	*G. g. gerbillus*	Egypte	El Maghra Oasis, 45 km S	28.91667	29.84407	ok	cette étude		S

217

2002487	H1	*G. henleyi*	Niger	Tanout	14.95	8.8833333333333333	KF496229	Ok*	P. Chevret (données non publiées)	+		52/62	S,M,K
N4291	H8	*G. henleyi*	Niger	Gangara	14.617	8.52001666666667	KF496224		C. Tatard (données non publiées)	+			S,M
N4292	H9	*G. henleyi*	Niger	Gangara	14.6166666666666667	8.5166666666666667	KF496225	Ok*	C. Tatard (données non publiées)	+	+	52	S,M,K

218

N4293	H10	*G. henleyi*	Niger	Gangara	14.6247	8.49928333333333	KF49 6226		C. Tatard (données non publiées)	+		S,M
KOR8	H15	*G. henleyi*	Niger	Gangara	14.36399	8.29882	KF49 6227		cette étude			S
KOR10	H16	*G. henleyi*	Niger	Gangara	14.36399	8.29882	KF49 6228		cette étude			S
M-AD355	H2	*G. henleyi*	Mali	Dianbé	14.598883 33333333	-4.0732916 66666667	KF49 6222	Ok*	C. Tatard (données non publiées)	+	52/ ?	S,M,K
M4058	H11	*G. henleyi*	Mali	Makana/Boulou	15.1633	-8.5041694 44444445	KF49 6221		cette étude	+	52/ 65	S,M,K
M4947	H12	*G. henleyi*	Mali	In Tedouft (vallée)	15.916	2.46	KF49 6223		cette étude	+	52	S,M,K

ID	H	Species	Country	Locality	Longitude	Latitude	Voucher	Source			
AD1054	H3	*G. henleyi*	Sénégal	MO6Bis	16.47875	-14.450883 3333333	KF49 6233	cette étude		+	S,M
AD1064	H4	*G. henleyi*	Sénégal	MO6Bis	16.477583 3333333	-14.452	KF49 6234	cette étude		+	S,M
AD1066	H5	*G. henleyi*	Sénégal	MO6bis	16.479916 6666667	-14.454816 6666667	KF49 6230	cette étude	+	+	S,M
AD1078	H6	*G. henleyi*	Sénégal	MO6Bis	16.50595	-14.461533 3333333	KF49 6235	cette étude		+	S,M
AD2030	H7	*G. henleyi*	Sénégal	MO6Bis	16.499209	-14.459073	KF49 6231	cette étude			S
KB8153	H14	*G. henleyi*	Sénégal	MO6Bis	16.504124	14.435810 69	KF49 6232	cette étude	+		S,M
AD1079	H17	*G. henleyi*	Sénégal	MO6Bis	16.50595	-14.461533 3333333	KF49 6236	cette étude			S
ZBSC0 067	H18	*G. henleyi*	Mauritanie	Akjoujt, 12km NE of	19.808792	14.288472	ok	cette étude			S

ZBSC0369	H19	*G. henleyi*	Mauritanie	25 km NE of Kiffa	16.7629369	-11.2219761	ok		cette étude	+	S,M
M5597	H13	*G. henleyi*	Burkina Faso	Markoye	14.62416666666667	0.0432	KF496220	ok	cette étude	+	S,M
H1		*G. henleyi*	Israel	Makhtesh Ramon	30.60603	34.8457294 5	ok	Ok*	cette étude		S
H2		*G. henleyi*	Israel	Makhtesh Ramon	30.60603	34.8457294 5	ok	Ok*	cette étude		S
H3		*G. henleyi*	Israel	Makhtesh Ramon	30.60603	34.8457294 5	ok	Ok*	cette étude		S
H4		*G. henleyi*	Israel	Makhtesh Ramon	30.60603	34.8457294 5	ok	Ok*	cette étude		S

									P. Chevret (données non publiées)				
VV198 1019		G. hesperinus	Maroc	S Essaouira	31.466667	-9.75	JN652803	ok				58/78	S,K
LG66		G. hoogstrali	Maroc	8km S Oued Souss	30.416667	-8.8	JN021413	Ok*	cette étude	+			S,M
LG74		G. hoogstrali	Maroc	8km S Oued Souss	30.416667	-8.8	JN021415	Ok*	cette étude	+			S,M
LG65	LG65	G. hoogstrali	Maroc	8km S Oued Souss	30.5325	-9.14861	ok		cette étude	+			S, M
LG67	LG67	G. hoogstrali	Maroc	8km S Oued Souss	30.5325	-9.14861	ok		cette étude	+			S, M
LG68	LG68	G. hoogstrali	Maroc	8km S Oued Souss	30.5325	-9.14861			cette étude			72/84	K

LG71	LG71	*G. hoogstrali*	Maroc	8km S Oued Souss	30.5325	-9.14861	ok	cette étude	+		S, M
LG72	LG72	*G. hoogstrali*	Maroc	8km S Oued Souss	30.5325	-9.14861	ok	cette étude	+		S, M
LG73	LG73	*G. hoogstrali*	Maroc	8km S Oued Souss	30.5325	-9.14861	ok	cette étude	+		S, M
LG75	LG75	*G. hoogstrali*	Maroc	8km S Oued Souss	30.5325	-9.14861	ok	cette étude	+		S, M
LG76	LG76	*G. hoogstrali*	Maroc	8km S Oued Souss	30.5325	-9.14861	ok	cette étude	+		S, M
198302 3		*G. latastei*	?	?			ok	ok	P. Chevret (données non publiées)		S

223

latastei57		G. latastei	Tunisie	Faouar	33.266667	8.483333	GU35 6557					74/ 10 2	S,K
N3205	Na1	G. nancillus	Niger	Kollo	13.35	2.283333	KF49 6254	Ok*	cette étude	+	+	56 / 54	S,M,K
N3206	Na29	G. nancillus	Niger	Kollo	13.350000	02.283333	KF49 6255		cette étude	+	+	56 / 54	S,M,K
N3207	Na30	G. nancillus	Niger	Kollo	13.350000	02.283333	KF49 6256		cette étude	+	+	56 / 54	S,M,K
N-GAN63	Na7	G. nancillus	Niger	Gangara	14.611333 33333333 3	8.50265	KF49 6243		cette étude	+		56 / ?	S,M,K
N-GAN64	Na8	G. nancillus	Niger	Gangara	14.60685	8.5179166 66666666	KF49 6244		cette étude	+		56 / 54	S,M,K
N-GAN16 5	Na9	G. nancillus	Niger	Gangara	14.606683 33333333 3	8.5151666 66666667	KF49 6245		cette étude	+			S,M

N-GAN193	Na10	*G. nancillus*	Niger	Gangara	14.6102777777778	8.5	KF49 6246	cette étude				S
KOR9	Na22	*G. nancillus*	Niger	Gangara	14.36399	8.29882	KF49 6247	cette étude				S
KOR12	Na23	*G. nancillus*	Niger	Gangara	14.36400	8.29883	KF49 6251	cette étude				S
KOR15	Na24	*G. nancillus*	Niger	Gangara	14.36401	8.29884	KF49 6248	cette étude				S
KOR16	Na25	*G. nancillus*	Niger	Gangara	14.36402	8.29885	KF49 6249	cette étude				S
KOR20	Na26	*G. nancillus*	Niger	Gangara	14.36403	8.29886	KF49 6250	cette étude				S
N3089	Na31	*G. nancillus*	Niger	Toukounous	14.5	3.23	KF49 6260	cette étude	+	+	56 / 54	S,M,K
N3104	Na32	*G. nancillus*	Niger	Toukounous	14.5	3.23	KF49 6261	cette étude	+	+	56 / 54	S,M,K

N3155	Na33	G. nancillus	Niger	Toukounous	14.5	3.23	KF49 6262	cette étude	+	+	56 / 54	S,M,K
N3159	Na34	G. nancillus	Niger	Toukounous	14.5	3.23	KF49 6263	cette étude	+	+	56 / 54	S,M,K
1999-051	Na35	G. nancillus	Niger	Banibangou	15.04167	2.7036	KF49 6242	cette étude			56 / 54	S,K
1999-039	Na36	G. nancillus	Niger	Garbey	14.84917	2.68417	KF49 6252	cette étude			56 / 54	S,K
1999-041	Na37	G. nancillus	Niger	Garbey	14.84917	2.68417	KF49 6253	cette étude			56 / 54	S,K
1997-046	Na38	G. nancillus	Niger	Maradi	13.48333	7.1	KF49 6257	cette étude				S
1997-047	Na39	G. nancillus	Niger	Maradi	13.48333	7.1	KF49 6258	cette étude				S
1999-060	Na40	G. nancillus	Niger	Soumat=Sumett	14.95	2.71667	KF49 6259	cette étude			56 / 54	S,K

AD341	Na2	*G. nancillus*	Mali	Diambé	14.625833 3333333	-5.8961166 6666667	KF49 6238	cette étude			56 / 54	S,K
AD220 5	Na3	*G. nancillus*	Mali	Molodo (Benkorokawéré)	14.209323	-6.147031	KF49 6241	cette étude				S
M4067	Na41	*G. nancillus*	Mali	Boulou	15.183483	-09.527683	KF49 6237	cette étude	+		56 / 56	S,M,K
M4072	Na42	*G. nancillus*	Mali	Dilly	15.018817	-07.668067	KF49 6239	cette étude	+		56 / 57	S,M,K
M4077	Na43	*G. nancillus*	Mali	Dilly	15.018817	-07.668067	KF49 6240	cette étude	+		56	S,M,K
AD105 6	Na4	*G. nancillus*	Sénégal	MO6Bis	16.4768	-14.4442	KF49 6265	cette étude		+		S,M
AD106 1	Na5	*G. nancillus*	Sénégal	MO6Bis	16.472566 6666667	-14.4486	KF49 6267	cette étude		+		S,M
AD204 3	Na6	*G. nancillus*	Sénégal	MO6Bis	16.466647	-14.459082	KF49 6268	cette étude				S

S-KB7354	Na11	G. nancillus	Sénégal	Tessekéré	15.855616 6666667	- 15.062816 6666667	KF49 6273	cette étude			56/56 *	S,K
S-KB7357	Na12	G. nancillus	Sénégal	Tessekéré	15.854083 3333333	- 15.064633 3333333	KF49 6274	cette étude	+	+		S,M
S-KB7361	Na13	G. nancillus	Sénégal	Tessekéré	15.85455	- 15.063683 3333333	KF49 6275	cette étude	+	+	56/59 *	S,M,K
S-KB7362	Na14	G. nancillus	Sénégal	Tessekéré	15.854383 3333333	-15.06295	KF49 6276	cette étude				S
S-KB7364	Na15	G. nancillus	Sénégal	Tessekéré	15.855683 3333333	-15.0631	KF49 6277	cette étude				S
S-KB7435	Na16	G. nancillus	Sénégal	Labgar	15.8415	-14.81115	KF49 6269	cette étude				S
S-KB7465	Na17	G. nancillus	Sénégal	Tessekéré	15.855683 3333333	-15.0631	KF49 6278	cette étude	+	+		S,M
KB8469	Na18	G. nancillus	Sénégal	MO6Bis	16.4819	-14.47125	KF49 6264	cette étude	+	+		S,M
S-KB8735	Na19	G. nancillus	Sénégal	Labgar	15.8415	-14.81115	KF49 6270	cette étude	+	+		S,M

ID	Code	Species	Country	Location	Latitude	Longitude	GenBank		Source			Number	Type
S-KB8736	Na20	*G. nancillus*	Sénégal	Labgar	15.8415	-14.81115	KF496271		cette étude	+	+		S,M
S-KB8737	Na21	*G. nancillus*	Sénégal	Labgar	15.8415	-14.81115	KF496272		cette étude		+		S,M
AD10600	Na27	*G. nancillus*	Sénégal	MO6Bis	16.4732166666667	-14.4477	KF496266		cette étude		+		S,M
S-KB8669	Na28	*G. nancillus*	Sénégal	Tessekéré	15.8540833333333	15.0646333333333	KF496279		cette étude	+	+		S,M
1988007		*G. namus*	Pakistan	Sind desert	ca. 26.090792	ca. 69.066847	JQ753063	ok	P. Chevret (données non publiées)			52/58	S,K
07-045		*G. namus*	Israel	20Kms ESE SDE Boker	30.8	34.983333	JQ753051	Ok*	cette étude			52/59 *	S,K
N1		*G. namus*	Israel	Hatzeva Nature Reserve	30.7725112	35.272453		Ok*	cette étude				S

229

N2	G. namus	Israel	Hatzeva Nature Reserve	30.725112	35.272453	ok	Ok*	cette étude			S
N3	G. namus	Israel	Hatzeva Nature Reserve	30.725112	35.272453	ok	Ok*	cette étude			S
N4	G. namus	Israel	Hatzeva Nature Reserve	30.725112	35.272453	ok	Ok*	cette étude			S
83061	G. namus	India	Palanpur, Lunwa	72.43333	24.21667	ok		cette étude			S
83062	G. namus	India	Palanpur, Lunwa	72.43333	24.21667	ok		cette étude			S
83059	G. namus	Pakistan	Hoshab	63.9166666	26.0333333	ok		cette étude			S
83060	G. namus	Pakistan	Rekn Chah	ca. 30.375322	ca. 69.345117	ok		cette étude			S
103201	G. namus	Afghanistan	Qala-i-Kang, 10 mi S	61.86667	30.93818	ok		cette étude			S
103197	G. namus	Afghanistan	Spin Baldak, 10 mi N	66.38333	31.14516	ok		cette étude			S
N2676	G. nigeriae	Niger	Afolé	13.166667	4.083333	ok		Thiam 2007		71/138	S,K

ID	Species	Country	Location					Reference			Status
LAC27	*G. nigeriae*	Tchad	Baltram	12.833333	14.75	ok		Thiam 2007		74/147	S,K
1997147 1	*G. nigeriae*	Mauritanie	Daklet Nouadhibou	19.59972222222222 3	16.43194444444444 4	ok	Ok*	Thiam 2007		72	S,K
M4606	*G. nigeriae*	Mali	Niodougou	15.994283	-04.186217	ok	Ok*	Thiam 2007		74/46	S,K
KB3764	*G. nigeriae*	Senegal	Thieumbel	15.1511	-16.6058	ok	Ok*	Thiam 2007			S
N3025	*G. nigeriae*	Niger	Ayorou	14.733333	0.916667	ok	Ok*	Thiam 2007		71	S,K
T219	*G. nigeriae*	Mauritanie	?			AJ430555		P. Chevret (données non publiées)			S

231

ID	Species	Country	Location	Latitude	Longitude			Source			
199504 6	*G. nigeriae*	Mauritanie	Dar es Salam	16.364167	-16.4685	ok	AM4 0803 33	P. Chevret (donné es non publiée s)			S,K
KEL3	*G. nigeriae*	Niger	kellé	14.266738	10.100066	ok	Ok*	cette étude			S
200222 6	*G. occiduus*	Maroc	near Tantan	ca. 28.4667	ca. - 11.1	ok	ok	P. Chevret (donné es non publiée s)			
LG102	*G. occiduus*	Maroc	Aoreora	28.833333	-10.85	ok	Ok*	cette étude	+	40/ 76 *	S,K
LG134	*G. occiduus*	Maroc	Dakhla	23.916667	- 15.766667	ok	Ok*	cette étude	+	40/ 76 *	S,K

232

LG103	*G. occiduus*	Maroc	Aoreora	28.96889	-11.04028	ok	cette étude	+	S, M
LG104	*G. occiduus*	Maroc	Aoreora	28.96889	-11.04028	ok	cette étude	+	S, M
LG105	*G. occiduus*	Maroc	Aoreora	28.96889	-11.04028		cette étude	+	M
LG106	*G. occiduus*	Maroc	Aoreora	28.96889	-11.04028	ok	cette étude	+	S, M
LG107	*G. occiduus*	Maroc	Aoreora	28.96889	-11.04028	ok	cette étude	+	S, M
LG108	*G. occiduus*	Maroc	Aoreora	28.96889	-11.04028	ok	cette étude	+	S, M
LG109	*G. occiduus*	Maroc	Aoreora	28.96889	-11.04028	JN02 1426	cette étude	+	S, M
MAK7	*G. occiduus*	Maroc	Boujdour	26,13622	-14,49322	ok	Adam Koneč ny		S
MAK8	*G. occiduus*	Maroc	Boujdour	26,13622	-14,49322	ok	Adaml Koneč ny		S

LG127	*G. occiduus*	Maroc	Dakhla	23.94	-15.97222	ok	cette étude	+	40/76 *	S, M, K
LG128	*G. occiduus*	Maroc	Dakhla	23.94	-15.97222	ok	cette étude	+	40/76 *	S, M, K
LG129	*G. occiduus*	Maroc	Dakhla	23.94	-15.97222	ok	cette étude	+	-	S, M, K
LG129/1/2	*G. occiduus*	Maroc	Dakhla	23.94	-15.97222		cette étude	+	40/76 *	M, K
LG130	*G. occiduus*	Maroc	Dakhla	23.94	-15.97222	ok	cette étude	+	40/76 *	S, M, K
LG131	*G. occiduus*	Maroc	Dakhla	23.94	-15.97222	ok	cette étude	+	40/76 *	S, M, K
LG132	*G. occiduus*	Maroc	Dakhla	23.94	-15.97222	ok	cette étude	+	40/76 *	S, M, K

234

LG133	G. occiduus	Maroc	Dakhla	23.94	-15.97222	ok		cette étude		+	40/76 *	S, M, K
LG135	G. occiduus	Maroc	Dakhla	23.94	-15.97222	ok		cette étude		+	40/76 *	S, M, K
LG136	G. occiduus	Maroc	Dakhla	23.94	-15.97222	ok		cette étude		+	40/76 *	S, M, K
LG137	G. occiduus	Maroc	Dakhla	23.94	-15.97222	ok		cette étude		+	?/? *	S, M, K
LG138	G. occiduus	Maroc	Dakhla	23.94	-15.97222	ok		cette étude		+	?/? *	S, M, K
LG139	G. occiduus	Maroc	Dakhla	23.94	-15.97222	ok		cette étude		+	40/76 *	S, M, K
LG140	G. occiduus	Maroc	Dakhla	23.94	-15.97222	ok		cette étude		+	40/76 *	S, M, K
LG110	G. occiduus	Maroc	Tan Tan / El Ouatia	28.71583	-11.30222	ok		cette étude		+	40/76 *	S, M, K

235

		Espèce	Pays	Localité			ok	Source	+	40/75	S, M, K
LG115		*G. occiduus*	Maroc	Tarfaya	28.05028	-12.92861	ok	cette étude	+	40/75 ?*	S, M, K
LG117		*G. occiduus*	Maroc	Tarfaya	28.05028	-12.92861	ok	cette étude	+		S, M
LG118		*G. occiduus*	Maroc	7km N Tarfaya	28.05028	-12.92861	ok	cette étude	+	40/76 *	S, M, K
LG119		*G. occiduus*	Maroc	7km N Tarfaya	28.05028	-12.92861	ok	cette étude	+		S, M
LG114		*G. occiduus*	Maroc	12km N Tarfaya	28.05028	-12.92861	ok	cette étude	+		S, M
LG116		*G. occiduus*	Maroc	12km N Tarfaya	28.05028	-12.92861	ok	cette étude	+		S, M
1999715	P1	*G. pyramidum*	Niger	Gougaram	18.55	7.7833333333333	ok	Nesi, 2007			S
2002264	P2	*G. pyramidum*	Niger	Ourou (Aïr)	19.16666666666668	7.966666666666667	ok	Nesi, 2007			S

2002271	P3	G. pyramidum	Niger	Teguidda°n Tesoumt (Aïr)	17.41666666666668	6.78333333333333	ok		Nesi, 2007				S
2002292	P4	G. pyramidum	Niger	Teguidda°n Tesoumt (Aïr)	17.45	6.7	ok		Nesi, 2007				S
2002295	P5	G. pyramidum	Niger	Iférouane	18.933333333334	8.25	ok		Nesi, 2007				S
2002436	P7	G. pyramidum	Niger	Fachi	18.11666666667	11.58333333334	ok	Ok*	Nesi, 2007				S
2002438	P8	G. pyramidum	Niger	Fachi	18.11666666667	11.58333333334	ok		Nesi, 2007				S
2002446	P9	G. pyramidum	Niger	Fachi	18.11666666667	11.58333333334	ok		Nesi, 2007				S
2002448	P10	G. pyramidum	Niger	Fachi	18.11666666667	11.58333333334	ok		Nesi, 2007				S

2002533	P11	*G. pyramidum*	Niger	Termit Dolé	15.6333333 33333333	11.516666 66666666 7	ok	Nesi, 2007		S
2002535	P12	*G. pyramidum*	Niger	Termit Dolé	15.6333333 33333333	11.516666 66666666 7	ok	Nesi, 2007		S
N4007	P22	*G. pyramidum*	Niger	Guirmat	17.566666 6666666	8.2166666 66666667	ok	cette étude		S
TER14	P30	*G. pyramidum*	Niger	Massif de Termit, camp Seamus	16.073	11.454066 66666666	ok	cette étude		S
TER18	P31	*G. pyramidum*	Niger	Massif de Termit, camp Seamus	16.070916 66666666 5	11.4557	ok	cette étude		S
TER19	P32	*G. pyramidum*	Niger	Massif de Termit, camp Seamus	16.070916 66666666 5	11.4557	ok	cette étude		S
TER25	P33	*G. pyramidum*	Niger	Massif de Termit, vallée de Colocynthus	15.80645	11.453866 66666666 6	ok	cette étude		S

TER26	P34	*G. pyramid um*	Niger	Massif de Termit, vallée de Colocynthus	15.80625	11.453533 33333333 3	ok		cette étude		S
TER9	P35	*G. pyramid um*	Niger	Massif de Termit, camp Seamus	16.071333 33333333	11.455366 66666666 6	ok		cette étude		S
TER17	P36	*G. pyramid um*	Niger	Massif de Termit, camp Seamus	16.070483 33333333 2	11.456133 33333333 4	ok		cette étude		S
TER20	P37	*G. pyramid um*	Niger	Massif de Termit, camp Seamus	16.070866 66666666	11.4556	ok		cette étude		S
TER21	P38	*G. pyramid um*	Niger	Massif de Termit, camp Seamus	16.072216 66666666 6	11.454	ok		cette étude		S
TER33	P39	*G. pyramid um*	Niger	Massif de Termit, vallée de Colocynthus	15.810555 55555555 6	11.433333 33333333 4	ok		cette étude		S
TER34	P40	*G. pyramid um*	Niger	Massif de Termit, vallée de Colocynthus	15.8	11.433333 33333333 4	ok		cette étude		S

ID	Code	Species	Country	Location	Value 1	Value 2			Reference			
2002300	P6	*G. pyramidum*	Tchad	Bol	16.4666666666666665	15.6166666666666667	ok	Ok*	Nesi, 2007			S
M-INA19	P13	*G. pyramidum*	Mali	Inabog	19.35	0.233333333333333	ok		Nesi, 2007			S
M4338	P14	*G. pyramidum*	Mali	Ménaka	15.9	2.41666666666666665	ok		Nesi, 2007			S
M4927	P41	*G. pyramidum*	Mali	Ménaka	15.9	2.41666666666666665	ok		cette étude			S
M4926	P15	*G. pyramidum*	Mali	Ibdeken (vallée)	18.7	1.383333333333333	ok		Nesi, 2007			S
M5288	P16	*G. pyramidum*	Mali	Abeibara	19.7166666666666665	1.75	ok		Nesi, 2007			S
M5931	P17	*G. pyramidum*	Mali	Oued Chacheguerène	19.7166666666666665	0.01666666666666	ok		Nesi, 2007			S

M5937	P18	G. pyramidum	Mali	Kreb in Karoua	19.716666666666665	0.18333333333333	ok		Nesi, 2007	S
M5952	P19	G. pyramidum	Mali	Tessalit	20	0.93333333333333	ok		Nesi, 2007	S
M5978	P20	G. pyramidum	Mali	Inabog	19.35	0.23333333333333	ok	Ok*	Nesi, 2007	S
M5982	P21	G. pyramidum	Mali	Oued Chacheguerène	19.716666666666665	0.016666666666	ok		Nesi, 2007	S
S10337	P23	G. pyramidum	Mauritanie	Akjoujt	16.733333333333334	-13.627733333333	ok		Nesi, 2007	S
S10340	P24	G. pyramidum	Mauritanie	Akjoujt	16.733333333333334	-13.627733333333	ok		Nesi, 2007	S
S10342	P25	G. pyramidum	Mauritanie	Akjoujt	16.733333333333334	-13.627733333333	ok		Nesi, 2007	S

S10334	P26	*G. pyramidum*	Mauritanie	Akjoujt	19.7360583333333332	-13.63258055555555	ok	Ok*	Nesi, 2007	S
S10347	P27	*G. pyramidum*	Mauritanie	Akjoujt	16.7333333333333334	-13.62773333333333	ok		Nesi, 2007	S
S10351	P28	*G. pyramidum*	Mauritanie	Souegya	20.2684944444444446	-12.88166666666666	ok		Nesi, 2007	S
S10409	P29	*G. pyramidum*	Mauritanie	Tiguent	17.2005555555555557	-15.930825	ok		cette étude	S
ZBSC0066	P43	*G. pyramidum*	Mauritanie	Akjoujt, 12km NE of	19.808792	-14.288472	ok (760)		cette étude	S
ZBSC0234	P44	*G. pyramidum*	Mauritanie	Kkneg el Gouadim	21.0179944	-11.9248855	ok (755)		cette étude	S

1998086	*G. pyramidum*	Niger	Agadès	ca. 17.00	ca. 8.00	ok	ok	P. Chevret (données non publiées)		S,K
Gepyr	*G. pyramidum*	Israel	Western Negev	ca. 31.986583	ca. 34.912475	ok	ok	P. Chevret (données non publiées)		S
M5978	*G. pyramidum*	Mali	Inabog	19.35	-0.233333	ok	Ok*	Nesi, 2007	38/72	S,K
106278	*G. p. gedeedus*	Egypte	Dakhla Oasis, Mut, 3 km N	28.983333333333	25.5	ok		cette étude		S
106268	*G. p. gedeedus*	Egypte	Wadi Ibib	35.766666666667	22.833333333333	ok		cette étude		S

243

106119	*G. p, gedeedus*	Egypte	Bahariya Oasis, El Aguz	28.833333 333333	28.35	ok	cette étude	S
107172	*G. p, gedeedus*	Egypte	Bahariya Oasis, Wadi Ghorabi	29.033333 333333	28.483333 333333	ok	cette étude	S
107173	*G. p, gedeedus*	Egypte	Bahariya Oasis, Wadi Ghorabi	29.033333 333333	28.483333 333333	ok	cette étude	S
100044	*G. p, pyramidum*	Egypte	Imbaba, Abu Rawash	31.1	30.033333 333333	ok	cette étude	S
100056	*G. p, pyramidum*	Egypte	Imbaba, Abu Rawash	31.1	30.033333 333333	ok	cette étude	S
100058	*G. p, pyramidum*	Egypte	Wadi el Asyuti	31.26667	27.16667	ok	cette étude	S
100088	*G. p, pyramidum*	Egypte	Aswan, Nile R, W bank	32.883333 333333	24.083333 333333	ok	cette étude	S

											S
87628	*G. p. pyramidum*	Egypte	Manfalut, Beni Adi	30.583333 333333	27.25	ok		cette étude			S
35321	*G. p. elbaensis*	Egypte	Port Sudan	37.25	19.583333 333333	ok		cette étude			S
82322	*G. p. elbaensis*	Egypte	Gebel Elba, Bir Kansisrob, 1 mi N; Wadi Adeib	36.433333 333333	22.25	ok		cette étude			S
82333	*G. p. elbaensis*	Egypte	Halaib, 13 mi N	36.466666 666667	22.233333 333333	ok		cette étude			S
82339	*G. p. elbaensis*	Egypte	Halaib, 10 mi N; Wadi Serimtai	36.466666 666667	22.2	ok		cette étude			S
82352	*G. p. elbaensis*	Egypte	Gebel Elba, Wadi Kansisrob	36.35	22.25	ok		cette étude			S
100082	*G. p. floweri*	Egypte	Wadi el Gafra	31.6	30.4	ok		cette étude			S

100064	G. p, floweri	Egypte	Wadi el Gafra, 1 miS Cairo-Ismalia Highway	31.6	30.4	ok	cette étude	S
100067	G. p, floweri	Egypte	Wadi el Gafra, 1 miS Cairo-Ismalia Highway	31.6	30.4	ok	cette étude	S
100073	G. p, floweri	Egypte	Wadi el Gafra, 1 miS Cairo-Ismalia Highway	31.6	30.4	ok	cette étude	S
Gperp	G. perpallidus	Egypte	Vers le caire?	30	31.133333	JN65 2806	P. Chevret (donné es non publiée s)	
101819	G. perpallidus	Egypte	Bir Victoria	30.616666 666667	30.4	ok	cette étude	S

ID	Espèce	Pays	Localité				Référence				
101824	*G. perpallidus*	Egypte	Bir Victoria	30.616666666667	30.4	ok	cette étude				S
101825	*G. perpallidus*	Egypte	Bir Victoria	30.616666666667	30.4	ok	cette étude				S
101828	*G. perpallidus*	Egypte	Wadi el Natroun, 1 km E	31.483333333333	30.166666666667	ok	cette étude				S
101831	*G. perpallidus*	Egypte	Wadi el Natroun, 1 km E	31.483333333333	30.166666666667	ok	cette étude				S
							P. Chevret (données non publiées)				
1991024	*G. poeciliops*	Arabie Saoudite	Taif	21.25	40.70	JQ753064	ok				S,K

1998064		G. rupicola	Mali	Emmal'here	14.466667	-4.083333	ok	ok	P. Chevret (données non publiées)			52/68	S,K
1989024		G. simoni	Tunisie	Kairouan	ca. 35.677139	ca. 10.097239	ok	ok	P. Chevret (données non publiées)				S
1987003		G. simoni	Tunisie	?			ok	ok	P. Chevret (données non publiées)				S
simoni77		G. simoni	Tunisie	Kerkennah	34.7	11.183333	GU356577		Abiadh et al. (2010)			60/72	S,K

248

							JN02	Ok*		+	S,M,K
LG90		*Gerbillus spl*	Maroc	Aglou	29.8	-9.833333	JN02 1447	Ok*	cette étude	+	S,M,K
LG97		*Gerbillus spl*	Maroc	3km N Aglou	29.816667	-9.816667	JN02 1444	Ok*	cette étude	+	S,M,K
LG87	LG87	*Gerbillus spl*	Maroc	Aglou (7)	29.90889	-9.96972	ok		cette étude	+	S, M
LG77	LG77	*Gerbillus spl*	Maroc	Souss Massa NP	30.06667	-9.78889	ok		cette étude	+	S, M
LG79	LG79	*Gerbillus spl*	Maroc	Souss Massa NP	30.06667	-9.78889	ok		cette étude	+	S, M
LG91	LG91	*Gerbillus spl*	Maroc	3km N Aglou	29.90889	-9.96972	ok		cette étude	+	S, M
LG92	LG92	*Gerbillus spl*	Maroc	3km N Aglou	29.90889	-9.96972	ok		cette étude	+	S, M
LG93	LG93	*Gerbillus spl*	Maroc	3km N Aglou	29.90889	-9.96972	ok		cette étude	+	S, M
LG94	LG94	*Gerbillus spl*	Maroc	3km N Aglou	29.90889	-9.96972	ok		cette étude	+	S, M
LG95	LG95	*Gerbillus spl*	Maroc	3km N Aglou	29.90889	-9.96972	ok		cette étude	+	S, M

LG96	LG96		Maroc	3km N Aglou	29.90889	-9.96972	ok		cette étude	+	S, M
		Gerbillus sp1									
KE716		*Gerbillus sp2*	Kenya	Todenyang	4.43972	35.86205	ok	Ok*	cette étude		S
KE717		*Gerbillus sp2*	Kenya	Todenyang	4.43972	35.86205	ok		cette étude		S
KE718		*Gerbillus sp2*	Kenya	Todenyang	4.43972	35.86205	ok		cette étude		S
KE719		*Gerbillus sp2*	Kenya	Todenyang	4.43972	35.86205	ok		cette étude		S
KE720		*Gerbillus sp2*	Kenya	Todenyang	4.43972	35.86205	ok		cette étude		S
KE721		*Gerbillus sp2*	Kenya	Todenyang	4.43972	35.86205	ok		cette étude		S
KE722		*Gerbillus sp2*	Kenya	Todenyang	4.43972	35.86205	ok		cette étude		S
KE723		*Gerbillus sp2*	Kenya	Todenyang	4.43972	35.86205	ok		cette étude		S
KE724		*Gerbillus sp2*	Kenya	Todenyang	4.43972	35.86205	ok		cette étude		S

											S

Code	Species	Country	Location	Value 1	Value 2		OK		Source		S
KE725	*Gerbillus sp2*	Kenya	Todenyang	4.43972	35.86205		ok		cette étude		S
KE726	*Gerbillus sp2*	Kenya	Todenyang	4.43972	35.86205		ok		cette étude		S
KE727	*Gerbillus sp2*	Kenya	Todenyang	4.43972	35.86205		ok		cette étude		S
KE728	*Gerbillus sp2*	Kenya	Todenyang	4.43972	35.86205		ok		cette étude		S
1995002 T1	*G. tarabuli*	Mauritanie	Agneitir	19.3333333333333332	-15.7166666666666667		ok		Nesi, 2007		S
1995035 T2	*G. tarabuli*	Mauritanie	Nouakchott	18.1	-14.033333333333333		ok		Nesi, 2007		S
1995045 T3	*G. tarabuli*	Mauritanie	Tamzakt	17.4333333333333334	-15.95		ok		Nesi, 2007		S
1995082 T4	*G. tarabuli*	Mauritanie	Tamzakt	17.4333333333333334	-15.95		ok		Nesi, 2007		S

1999003	T6	*G. tarabuli*	Mauritanie	Ayôun el atrôus	16.5833333333333332	- 8.41666666666666	ok	Nesi, 2007		S
1999004	T7	*G. tarabuli*	Mauritanie	Ayôun el atrôus	16.5833333333333332	- 8.41666666666666	ok	Nesi, 2007		S
1999008	T8	*G. tarabuli*	Mauritanie	Ayôun el atrôus	16.5833333333333332	- 8.41666666666666	ok	Nesi, 2007		S
1999011	T9	*G. tarabuli*	Mauritanie	Ayôun el Atrôus	16.5833333333333332	- 8.41666666666666	ok	Nesi, 2007		S
1999012	T10	*G. tarabuli*	Mauritanie	Ayôun el Atrôus	16.5833333333333332	- 8.41666666666666	ok	Nesi, 2007		S
1999013	T11	*G. tarabuli*	Mauritanie	Ayôun el Atrôus	16.5833333333333332	- 8.41666666666666	ok	Nesi, 2007		S
1999014	T12	*G. tarabuli*	Mauritanie	Ayôun el Atrôus	16.5833333333333332	- 8.41666666666666	ok	Nesi, 2007		S

ID	Code	Species	Country	Locality	Lat	Lon			Ref			
1999019	T13	*G. tarabuli*	Mauritanie	Ayôun el atrôus	16.58333333333332	- 8.41666666 66666666	ok		Nesi, 2007			S
1999020	T14	*G. tarabuli*	Mauritanie	Ayôun el Atrôus	16.58333333333332	- 8.41666666 66666666	ok		Nesi, 2007			S
1999029	T15	*G. tarabuli*	Mauritanie	Ayôun el Atrôus	16.58333333333332	- 8.41666666 66666666	ok		Nesi, 2007			S
1999125	T17	*G. tarabuli*	Mauritanie	Ayôun el Atrôus	16.58333333333332	- 8.41666666 66666666	ok		Nesi, 2007			S
1999289	T18	*G. tarabuli*	Mauritanie	10 km Nord Nouakchott	18.33333333333332	14.033333 33333333	ok		Nesi, 2007			S
S10339	T64	*G. tarabuli*	Mauritanie	Akjoujt	16.73333333333334	13.633333 33333333	ok		Nesi, 2007			S
S10364	T65	*G. tarabuli*	Mauritanie	Hamdoun	20.31666666666666	-12.85	ok		Nesi, 2007			S

253

S10389	T66	G. tarabuli	Mauritanie	5 Km Sud LEMCID	18.15615	-15.892883 33333333	ok	cette étude				S
S10394	T67	G. tarabuli	Mauritanie	LEMCID	18.15	-15.9	ok	Nesi, 2007				S
S10396	T68	G. tarabuli	Mauritanie	LEMCID	18.15	-15.9	ok	Nesi, 2007				S
S10407	T69	G. tarabuli	Mauritanie	LEMCID	18.668097 222222222 2	-15.896233 33333333	ok	cette étude				S
S10411	T70	G. tarabuli	Mauritanie	Tiguent	17.2	-15.933333 33333333	ok	Nesi, 2007				S
S10418	T71	G. tarabuli	Mauritanie	Tiguent	17.200555 55555555 7	-15.930825	ok	cette étude				S
S10420	T72	G. tarabuli	Mauritanie	Tiguent	17.2	-15.933333 33333333	ok	Nesi, 2007				S

S10428	T73	*G. tarabuli*	Mauritanie	El Mounane	17.2275	-15.876083 33333333	ok		cette étude			S
S10440	T74	*G. tarabuli*	Mauritanie	El Mounane	17.219319 44444444 4	-15.880577 77777777	ok		cette étude			S
S10441	T75	*G. tarabuli*	Mauritanie	El Mounane	17.219319 44444444 4	-15.880577 77777777	ok		cette étude			S
S10445	T76	*G. tarabuli*	Mauritanie	El Mounane	17.216666 66666666 5	-15.883333 33333333	ok		Nesi, 2007			S
S10451	T77	*G. tarabuli*	Mauritanie	El Mounane	17.216666 66666666 5	-15.883333 33333333	ok		Nesi, 2007			S
S10458	T78	*G. tarabuli*	Mauritanie	Keur Massène	16.569708 33333333 5	-15.715944 44444444	ok		Nesi, 2007			S
S10464	T79	*G. tarabuli*	Mauritanie	Keur Massène	16.566666 66666666 6	-15.716666 66666666	ok		Nesi, 2007			S

S10467	T80	*G. tarabuli*	Mauritanie	Keur Massène	16.5666666666666 6	- 15.716666 66666666	ok	Nesi, 2007				S
S10468	T81	*G. tarabuli*	Mauritanie	Keur Massène	16.5666666666666 6	- 15.716666 66666666	ok	Nesi, 2007				S
S10477	T82	*G. tarabuli*	Mauritanie	Keur Massène	16.5666666666666 6	- 15.716666 66666666	ok	Nesi, 2007				S
S10480	T83	*G. tarabuli*	Mauritanie	Keur Massène	16.5697083333333 5	- 15.715944 44444444	ok	cette étude				S
ZBSC0 062	T84	*G. tarabuli*	Mauritanie	Chogâr, 20km NE of	17.422828	- 13.435163	ok	cette étude				S
ZBSC0 254	T85	*G. tarabuli*	Mauritanie	Chogâr, 10km E of	17.363909 4	- 13.572098 4	ok (753)	cette étude				S
ZBSC0 381	T86	*G. tarabuli*	Mauritanie	290 km N of Nouakchott	20.692514	- 16.039001 3	ok	cette étude				S

							ok	Ok*					S
1999669	T19	G. tarabuli	Niger	Toukounous	14.5166666666667	3.3	ok	Ok*	Nesi, 2007				S
1998085	T5	G. tarabuli	Niger	Agadez	17	7.93333333333334	ok		Nesi, 2007				S
2002269	T21	G. tarabuli	Niger	Teguidda°n Tesoumt (Aïr)	17.45	6.7	ok		Nesi, 2007				S
2002272	T22	G. tarabuli	Niger	Teguidda°n Tesoumt (Aïr)	17.45	6.7	ok		Nesi, 2007				S
2002285	T23	G. tarabuli	Niger	Teguidda°n Tesoumt (Aïr)	17.4166666666668	6.78333333333333	ok		cette étude				S
2002296	T24	G. tarabuli	Niger	I°n Jitane (Aïr)	17.0833333333332	7.78333333333333	ok		Nesi, 2007				S
2002359	T25	G. tarabuli	Niger	Lagane (Vallée)	14.9	12.5166666666667	ok		Nesi, 2007				S
2002360	T26	G. tarabuli	Niger	Lagane (Vallée)	14.9	12.5166666666667	ok		Nesi, 2007				S

ID	Code	Species	Country	Locality					Reference				S
2002365	T27	*G. tarabuli*	Niger	Ngigumi (bord du Lac)	14.1833333333334	13.1833333333334	ok		Nesi, 2007				S
2002381	T28	*G. tarabuli*	Niger	Dugulé	15.0166666666667	12.4666666666667	ok		Nesi, 2007				S
2002403	T29	*G. tarabuli*	Niger	Nguigmi	14.25	13.15	ok	Ok*	Nesi, 2007				S
2002418	T30	*G. tarabuli*	Niger	Lagane	14.9	12.5166666666667	ok		Nesi, 2007				S
TER1	T84	*G. tarabuli*	Niger	vallée de Dillia	16.0375333333332	11.5115833333333	ok		cette étude				S
TER8	T85	*G. tarabuli*	Niger	Massif de Termit, camp Seamus	16.0706333333333	11.4559166666666	ok		cette étude				S
TER28	T86	*G. tarabuli*	Niger	Massif de Termit, vallée de Colocynthus	15.8059	11.4531666666666	ok		cette étude				S

TER32	T87	G. tarabuli	Niger	Massif de Termit, vallée de Colocynthus	15.8	11.4333333334	ok	cette étude		S
TER35	T88	G. tarabuli	Niger	Massif de Termit, vallée de Colocynthus	15.8	11.4333333334	ok	cette étude		S
TER36	T89	G. tarabuli	Niger	Massif de Termit, vallée de Colocynthus	15.8	11.4333333334	ok	cette étude		S
1999035	T16	G. tarabuli	Mali	Eguerer	18.2	1.4	ok	Nesi, 2007		S
M-ANE1	T31	G. tarabuli	Mali	Anefis	17.9833333334	0.45	ok	Nesi, 2007		S
M-TAD10	T32	G. tarabuli	Mali	Tadrart	17.3666666667	-1.2	ok	Nesi, 2007		S
M4254	T33	G. tarabuli	Mali	Kabara	16.7166666665	-1.0166666666	ok	Nesi, 2007		S
M4590	T34	G. tarabuli	Mali	Nialfunfë	15.9333333334	-2.0333333333	ok	Nesi, 2007		S

M4597	T35	*G. tarabuli*	Mali	Tsinsack	19.7333333 33333 4	-1.05	ok	Nesi, 2007				S
M4598	T36	*G. tarabuli*	Mali	Tsinsack	16.7333333 33333 4	-1.05	ok	Nesi, 2007				S
M4603	T37	*G. tarabuli*	Mali	Kabara	16.716666 66666666 5	1.0166666 66666666	ok	Nesi, 2007				S
M4615	T38	*G. tarabuli*	Mali	Tsinsack	19.7333333 33333 4	-1.05	ok	Nesi, 2007				S
M4930	T41	*G. tarabuli*	Mali	Tillemsi	17.2	0.2333333 33333333 34	ok	Nesi, 2007				S
M5971	T42	*G. tarabuli*	Mali	Inabog	19.35	- 0.2333333 33333333 34	ok	Nesi, 2007				S
M5948	T43	*G. tarabuli*	Mali	Kreb in Karoua	19.35	0.1833333 33333333	ok	Nesi, 2007				S

ID	T	Species	Country	Location			ok	Reference	S
M4942	T44	*G. tarabuli*	Mali	Ibdeken (vallée)	18.7	1.383333333333333	ok	Nesi, 2007	S
M4944	T45	*G. tarabuli*	Mali	Anekar	15.9	3.166666666666665	ok	Nesi, 2007	S
M5233	T46	*G. tarabuli*	Mali	Abeibara	19.71666666666665	1.75	ok	Nesi, 2007	S
M5234	T47	*G. tarabuli*	Mali	Tidermène	17.0166666666666	-1.05	ok	Nesi, 2007	S
M5263	T48	*G. tarabuli*	Mali	Tidermène	17.0166666666666	-1.05	ok	Nesi, 2007	S
M5292	T49	*G. tarabuli*	Mali	In Tebezas	18.01666666666666	1.816666666666667	ok	Nesi, 2007	S
M5614	T50	*G. tarabuli*	Mali	Bintagoungou	16.73333333333334	-2.266666666666666	ok	Nesi, 2007	S

M5616	T51	*G. tarabuli*	Mali	Télédjindé	16.4166666666668	-2.28333333333333	ok		Nesi, 2007				S
M5634	T52	*G. tarabuli*	Mali	Tombouctou	16.75	2.98333333333334	ok		Nesi, 2007				S
M5646	T53	*G. tarabuli*	Mali	Télédjindé	16.4166666666668	-2.28333333333333	ok		Nesi, 2007				S
M5651	T54	*G. tarabuli*	Mali	Tombouctou	16.75	2.98333333333334	ok		Nesi, 2007				S
M5929	T55	*G. tarabuli*	Mali	Azaouad	17.85	-0.18333333333333	ok		cette étude				S
M5944	T56	*G. tarabuli*	Mali	Azaouad	17.85	-0.18333333333333	ok		Nesi, 2007				S
M5945	T57	*G. tarabuli*	Mali	Anefis	17.9833333333334	0.45	ok		Nesi, 2007				S

											S
M5949	T58	*G. tarabuli*	Mali	Tessalit	20.1833333 33333334	0.9666666 66666666	ok	Nesi, 2007			S
M5950	T59	*G. tarabuli*	Mali	Tadrart	17.3666666 66666666 7	-1.2	ok	Nesi, 2007			S
M5962	T60	*G. tarabuli*	Mali	Kreb in Karoua	19.35	0.1833333 33333333	ok	Nesi, 2007			S
M5977	T61	*G. tarabuli*	Mali	Inabog	19.35	- 0.2333333 33333333 34	ok	Nesi, 2007			S
M5979	T62	*G. tarabuli*	Mali	Inabog	19.35	0.2333333 33333333 3	ok	cette étude			S
M5256	T63	*G. tarabuli*	Mali	In Tebezas	18.0166666 66666666 6	1.8333333 33333333 5	ok	cette étude			S
200001 0	T20	*G. tarabuli*	Sénégal	Richard-Toll	16.466666 66666666 5	-14.25	ok	Nesi, 2007			S

M4622	G. tarabuli	Mali	Niafunké	15.933333	-3.966667	ok	Ok*	Nesi, 2007		40	S,K
MAK24	G. tarabuli	Maroc	Ouer rheris	31.29123	-4.32447	ok	Ok*	Adam Konečny			S
199701 3	G. tarabuli	Algerie	Beni-Abbès	30.066667	-2.083333	ok	Ok*	Nesi, 2007			S,K
tarabuli 73	G. tarabuli	Tunisie	Dghoumes	30.066667	8.933333	GU35 6573		Abiadh et al. (2010)		40/ 74	S,K
N3180	G. tarabuli	Niger	Nguigmi	14.25	13.15	ok	Ok*	Nesi, 2007		40	S,K
BM81	G. tarabuli	Mauritan ie	Aoujeft	20.00556	-13.05167			cette étude	+		M
BM82	G. tarabuli	Mauritan ie	Aoujeft	20.00556	-13.05167			cette étude	+		M
BM83	G. tarabuli	Mauritan ie	Aoujeft	20.00556	-13.05167			cette étude	+		M
BM86	G. tarabuli	Mauritan ie	Aoujeft	20.00556	-13.05167			cette étude	+		M

264

BM87	*G. tarabuli*	Mauritanie	Aoujeft	20.00556	-13.05167		cette étude	+	M
BM89	*G. tarabuli*	Mauritanie	Aoujeft	20.00556	-13.05167		cette étude	+	M
BM92	*G. tarabuli*	Mauritanie	Aoujeft	20.00806	-13.04861		cette étude	+	M
BM95	*G. tarabuli*	Mauritanie	Aoujeft	20.00556	-13.05167		cette étude	+	M
BM98	*G. tarabuli*	Mauritanie	Aoujeft	20.00556	-13.05167		cette étude	+	M
BM99	*G. tarabuli*	Mauritanie	Aoujeft	20.00556	-13.05167		cette étude	+	M
	Other Gerbillinae								
	Brachiones przewalskii					AB38 1903			

Desmodilliscus braueri				AJ85 1273	FN35 7289			
Desmodillus auricula ris				AJ85 1272	AM9 1094 0			
Gerbillis cus guinea				AJ43 0562	AM4 0833 4			
Gerbillis cus robustus				AM4 0937 4	AY32 6113			
Gerbillu rus tytonis				AJ43 0559	EU34 9845			
Gerbullu rus paeba				AJ43 0557	AM9 1094 1			
Merione s crassus				AJ85 1267	ok			

266

Meriones unguiculatus			AF159405	AY326095		
Meriones meridianus			AJ851265	ok		
Pachyuromys duprasi			AJ851274			
Psammomys obesus			AJ851275	FN357290		
Rhombomys opimus			AJ430556	ok		
Sekeetamys calurus			AJ851276	ok		

267

	Taterillus arenarius					
	Deomyinae					
	Acomys cahirinus	AJ233953	AJ698898			
	Deomys ferrugineus	FJ415478	AY326084			
	Lophuromys sikapusi	AJ012023	AJ698899			
	Uranomys ruddi	HM635858	EU091267			

Taterillus arenarius: AJ851261, FN357288

ANNEXE 3: Liste des Haplotypes

ID	Code figure	Haplotype	Espèce	Pays	Localité	Latitude	Longitude
N3272	H1TanNig	Hap_1	*Gerbillus henleyi*	Niger	Tanout	14.95	8.8833333333333
M-AD355	H2DiaMal	Hap_2	*Gerbillus henleyi*	Mali	Dianbé	14.5988833333333	-4.0732916666667
AD1054	H3MO6Sen	Hap_3	*Gerbillus henleyi*	Sénégal	MO6Bis	16.47875	-14.4508833333333
AD1064	H4MO6Sen	Hap_4	*Gerbillus henleyi*	Sénégal	MO6Bis	16.4775833333333	-14.452
AD1066	H5MO6Sen	Hap_5	*Gerbillus henleyi*	Sénégal	MO6bis	16.4799166666667	14.4548166666667

AD1078	H6MO6 Sen	Hap_6	Gerbillus henleyi	Sénégal	MO6Bis	16.50595	-14.4615333333333
AD2030	H7MO6 Sen	Hap_7	Gerbillus henleyi	Sénégal	MO6Bis	16.499209	-14.459073
N4291	H8GanNig	Hap_8	Gerbillus henleyi	Niger	Gangara	14.617	8.52001666666667
N4292	H9GanNig	Hap_9	Gerbillus henleyi	Niger	Gangara	14.6166666666667	8.51666666666667
N4293	H10GanNig	Hap_10	Gerbillus henleyi	Niger	Gangara	14.6247	8.49928333333333
M4058	H11MakMal	Hap_11	Gerbillus henleyi	Mali	Makana/Boulou	15.1633	-8.50416944444445
M4947	H12TedMal	Hap_12	Gerbillus henleyi	Mali	In Tedouft (vallée)	15.916	2.46

M5597	H13Mar Bur	Hap_13	*Gerbillus henleyi*	Burkina Faso	Markoye	14.6241666666667	0.0432
KB8153	H14MO6Sen	Hap_14	*Gerbillus henleyi*	Sénégal	MO6Bis	16.504124	-14.43581069
AD1079	H17MO6Sen	Hap_15	*Gerbillus henleyi*	Sénégal	MO6Bis	16.50595	-14.4615333333333
ZBSC00 67	H18Akj Mau	Hap_16	*Gerbillus henleyi*	Mauritania	Akjoujt, 12km NE of	19.808792	-14.288472
ZBSC03 69	H19Kif Mau	Hap_17	*Gerbillus henleyi*	Mauritania	25 km NE of Kiffa	16.7629369	-11.2219761
N3205	Na1Kol Nig	Hap_1	*Gerbillus nancillus*	Niger	Kollo	13.35	2.283333
AD341	Na2Dia Mal	Hap_2	*Gerbillus nancillus*	Mali	Dianbé	14.6258333333333	-5.89611666666667

AD2205	Na3Mol Mal	Hap_3	*Gerbillus nancillus*	Mali	Molodo (Benkoroka wéré)	14.209323	-6.147031
AD1056	Na4MO 6Sen	Hap_4	*Gerbillus nancillus*	Sénégal	MO6Bis	16.4768	-14.4442
AD1061	Na5MO 6Sen	Hap_5	*Gerbillus nancillus*	Sénégal	MO6Bis	16.4725666666667	-14.4486
AD2043	Na6MO 6Sen	Hap_6	*Gerbillus nancillus*	Sénégal	MO6Bis	16.466647	-14.459082
N-GAN63	Na7Gan Nig	Hap_7	*Gerbillus nancillus*	Niger	Gangara	14.6113333333333	8.50265
N-GAN64	Na8Gan Nig	Hap_8	*Gerbillus nancillus*	Niger	Gangara	14.60685	8.5179166666666

N-GAN193	Na10GannNig	Hap_9	Gerbillus nancillus	Niger	Gangara	14.6102777777778	8.5
S-KB7362	Na14TesSen	Hap_10	Gerbillus nancillus	Sénégal	Tessekéré	15.8543833333333	-15.06295
S-KB7364	Na15TesSen	Hap_11	Gerbillus nancillus	Sénégal	Tessekéré	15.8556833333333	-15.0631
S-KB7435	Na16LabSen	Hap_16	Gerbillus nancillus	Sénégal	Labgar	15.8415	-14.81115
S-KB7465	Na17TesSen	Hap_13	Gerbillus nancillus	Sénégal	Tessekéré	15.8556833333333	-15.0631
S-KB8735	Na19LabSen	Hap_11	Gerbillus nancillus	Sénégal	Labgar	15.8415	-14.81115
S-KB8736	Na20LabSen	Hap_14	Gerbillus nancillus	Sénégal	Labgar	15.8415	-14.81115

S-KB8737	Na21Lab Sen	Hap_11	Gerbillus nancillus	Sénégal	Labgar	15.8415	-14.81115
KOR20	Na26Ga nNig	Hap_15	Gerbillus nancillus	Niger	Gangara	14.36403	8.29886
AD1060	Na27M O6Sen	Hap_16	Gerbillus nancillus	Sénégal	MO6Bis	16.4732166666667	-14.4477
N3206	Na29Kol Nig	Hap_17	Gerbillus nancillus	Niger	Kollo	13.350000	02.283333
N3207	Na30Kol Nig	Hap_18	Gerbillus nancillus	Niger	Kollo	13.350000	02.283333
2002-325	Na31To uNig	Hap_19	Gerbillus nancillus	Niger	Toukounous	14.5	3.23
2002-339	Na32To uNig	Hap_20	Gerbillus nancillus	Niger	Toukounous	14.5	3.23

2002-378	Na33To uNig	Hap_21	*Gerbillus nancillus*	Niger	Toukounous	14.5	3.23
2002-382	Na34To uNig	Hap_22	*Gerbillus nancillus*	Niger	Toukounous	14.5	3.23
1999-051	Na35Ba nNig	Hap_14	*Gerbillus nancillus*	Niger	Banibangou	15.04167	2.7036
1999-039	Na36Gar Nig	Hap_23	*Gerbillus nancillus*	Niger	Garbey	14.84917	2.68417
1999-041	Na37Gar Nig	Hap_24	*Gerbillus nancillus*	Niger	Garbey	14.84917	2.68417
1997-046	Na38Ma rNig	Hap_25	*Gerbillus nancillus*	Niger	Maradi	13.48333	7.1
1997-047	Na39Ma rNig	Hap_25	*Gerbillus nancillus*	Niger	Maradi	13.48333	7.1

1999-060	Na40SouNig	Hap_26	Gerbillus nancillus	Niger	Soumat=Summett	14.95	2.71667
M4067	Na41BouNig	Hap_27	Gerbillus nancillus	Mali	Boulou	15.183483	-09.527683
M4072	Na42DilNig	Hap_28	Gerbillus nancillus	Mali	Dilly	15.018817	-07.668067
M4077	Na43DilNig	Hap_29	Gerbillus nancillus	Mali	Dilly	15.018817	-07.668067
3009	N1OurNig	Hap_1	Gerbillus amoenus	Niger	Ourou, Aïr	19.1666666666668	7.96666666666667
3010	N2IfeNig	Hap_2	Gerbillus amoenus	Niger	Vallée d'Iférouane, Aïr	18.9333333333334	8.25
3028	N4OurNig	Hap_3	Gerbillus amoenus	Niger	Ourou, Aïr	19.1666666666668	7.96666666666667

3033	N5IfeNig	Hap_4	Gerbillus amoenus	Niger	Vallée d'Iférouane, Aïr	18.9333333333334	8.25
3034	N6OurNig	Hap_5	Gerbillus amoenus	Niger	Ourou, Aïr	19.1666666666668	7.96666666666667
N3138	N7NguNig	Hap_6	Gerbillus amoenus	Niger	N'guigmi, aéroport	14.25	13.15
3142	N8NguNig	Hap_7	Gerbillus amoenus	Niger	N'guigmi, bord du lac	14.1833333333334	13.1833333333334
3167	N9BosNig	Hap_8	Gerbillus amoenus	Niger	Bosso	13.6833333333334	13.2833333333333
3168	N10BosNig	Hap_9	Gerbillus amoenus	Niger	Bosso	13.6833333333334	13.2833333333333
3198	N11NguNig	Hap_10	Gerbillus amoenus	Niger	N'guigmi, aéroport	14.25	13.15

3241	N12BilNig	Hap_11	*Gerbillus amoenus*	Niger	Bilma	18.6833333333334	12.91666666666666
3251	N13AgaNig	Hap_12	*Gerbillus amoenus*	Niger	Agadez, Alacess	16.96666666666665	7.983333333333333
3289	N14CheNig	Hap_11	*Gerbillus amoenus*	Niger	Chetimari	13.1833333333334	12.55
3312	N15BilNig	Hap_13	*Gerbillus amoenus*	Niger	Bilma	18.6833333333334	12.91666666666666
1997016	N16NouMau	Hap_14	*Gerbillus amoenus*	Mauritanie	Nouackchott	18.2	-15.96666666666666
99-032	N17EguNig	Hap_14	*Gerbillus amoenus*	Niger	Eguerer	18.2	1.4
1999032	N18AdrMau	Hap_14	*Gerbillus amoenus*	Mali	Adrar des Iforas	18.2	1.4

99-033	N19Egu Nig	Hap_2	*Gerbillus amoenus*	Niger	Eguerer	18.2	1.4
99-052	N20Oua Nig	Hap_15	*Gerbillus amoenus*	Niger	Ouartigach	19.5	1.2666666666666666
99-053	N21Ter Nig	Hap_16	*Gerbillus amoenus*	Niger	Terarabat	19.4	1.2333333333333334
S10383	N22Nou Mau	Hap_17	*Gerbillus amoenus*	Mauritanie	PK 80/ N. Nouakchott	18.734527777777778	-14.379936111111111
S10399	N24Lem Mau	Hap_18	*Gerbillus amoenus*	Mauritanie	LEMCID	18.166666666666668	-15.883333333333333
M4928	N25Til Mal	Hap_19	*Gerbillus amoenus*	Mali	Tillemsi (Vallée)	17.233333333333334	0.23333333333333334
M5002	N27Til Mal	Hap_20	*Gerbillus amoenus*	Mali	Tillemsi (Vallée)	17.233333333333334	0.23333333333333334

M4943	N28Tes Mal	Hap_21	Gerbillus amoenus	Mali	Tessalit	20.2	1.0166666666666666
M5231	N29Teb Mal	Hap_22	Gerbillus amoenus	Mali	In Tebezas	18.016666666666666	1.85
M5235	N30Abe Mal	Hap_23	Gerbillus amoenus	Mali	Abeibara	19.016666666666666	1.8333333333333335
M5251	N31Abe Mal	Hap_24	Gerbillus amoenus	Mali	Abeibara	19	1.766666666666666
M5301	N32Teb Mal	Hap_25	Gerbillus amoenus	Mali	In Tebezas	18.016666666666666	1.8166666666666667
M5302	N33Bou Mal	Hap_26	Gerbillus amoenus	Mali	Bourem	16.95	-0.65
M5309	N34Tid Mal	Hap_27	Gerbillus amoenus	Mali	Tidermène	17.033333333333335	2.1166666666666667

M5310	N35Bou Mal	Hap_28	*Gerbillus amoenus*	Mali	Bourem	16.95	-0.65
M5311	N36Teb Mal	Hap_29	*Gerbillus amoenus*	Mali	In Tebezas	18.0166666666666	1.85
M5312	N37Tid Mal	Hap_21	*Gerbillus amoenus*	Mali	Tidermène	17.0333333333335	2.11666666666667
M5325	N38Tid Mal	Hap_30	*Gerbillus amoenus*	Mali	Tidermène	17.0166666666666	2.1
M5925	N39Cha Mal	Hap_31	*Gerbillus amoenus*	Mali	Oued Chacheguer ène	19.7166666666665	0.0166666666666666
M5960	N40Kre Mal	Hap_32	*Gerbillus amoenus*	Mali	Kreb in Karoua	19.7166666666665	0.183333333333333 2
M5965	N41Tes Mal	Hap_33	*Gerbillus amoenus*	Mali	Tessalit	20.0166666666666	0.933333333333333

M5973	N42Tes Mal	Hap_14	*Gerbillus amoenus*	Mali	Tessalit	20.0166666666666	0.9333333333333333
M6106	N44Til Mal	Hap_34	*Gerbillus amoenus*	Mali	Vallée du Tillemsi	18.0333333333333335	0.48333333333333333334
M-TES11	N45Tes Mal	Hap_35	*Gerbillus amoenus*	Mali	Tessalit	20.0166666666666666	0.9333333333333333
M-TES23	N46Tes Mal	Hap_36	*Gerbillus amoenus*	Mali	Tessalit	20.25	1.9833333333333334
TER2	N47Ter Nig	Hap_37	*Gerbillus amoenus*	Niger	Massif de Termit, camp Seamus	16.4238	11.45591666666667

TER3	N48Ter Nig	Hap_38	*Gerbillus amoenus*	Niger	Massif de Termit, camp Seamus	16.0706333333333	11.4559166666667
TER4	N49Ter Nig	Hap_39	*Gerbillus amoenus*	Niger	Massif de Termit, camp Seamus	16.07125	11.4554000000000001
TER5	N50Ter Nig	Hap_40	*Gerbillus amoenus*	Niger	Massif de Termit, camp Seamus	16.07125	11.4554000000000001
TER6	N51Ter Nig	Hap_41	*Gerbillus amoenus*	Niger	Massif de Termit, camp Seamus	16.0726166666665	11.4542833333333333

TER7	N52Ter Nig	Hap_42	*Gerbillus amoemus*	Niger	Massif de Termit, camp Seamus	16.0726166666665	11.4542833333333
ZBSC0239	N53Ter Nig	Hap_53	*Gerbillus amoemus*	Mauritanie	Atar, 32km SW of	20.2650502	-13.2075922
1999715	P1GouN ig	Hap_3	*Gerbillus pyramidum*	Niger	Gougaram	18.55	7.78333333333333
2002264	P2OurNi g	Hap_4	*Gerbillus pyramidum*	Niger	Ourou (Aïr)	19.1666666666668	7.96666666666667
2002271	P3TegNi g	Hap_5	*Gerbillus pyramidum*	Niger	Teguidda°n Tesoumt (Aïr)	17.4166666666668	6.78333333333333

2002292	P4TegNig	Hap_6	Gerbillus pyramidum	Niger	Teguidda°n Tesoumt (Aïr)	17.45	6.7
2002295	P5IfeNig	Hap_7	Gerbillus pyramidum	Niger	Iférouane	18.933333333333334	8.25
2002300	P6BolTch	Hap_8	Gerbillus pyramidum	Tchad	Bol	16.466666666666665	15.616666666666667
2002436	P7FacNig	Hap_2	Gerbillus pyramidum	Niger	Fachi	18.116666666666667	11.583333333333334
2002438	P8FacNig	Hap_9	Gerbillus pyramidum	Niger	Fachi	18.116666666666667	11.583333333333334
2002446	P9FacNig	Hap_2	Gerbillus pyramidum	Niger	Fachi	18.116666666666667	11.583333333333334

2002448	P10FacNig	Hap_10	Gerbillus pyramidum	Niger	Fachi	18.1166666666667	11.58333333333334
2002533	P11TerNig	Hap_11	Gerbillus pyramidum	Niger	Termit Dolé	15.6333333333333	11.516666666666667
2002535	P12TerNig	Hap_12	Gerbillus pyramidum	Niger	Termit Dolé	15.6333333333333	11.516666666666667
M-INA19	P13InaMal	Hap_13	Gerbillus pyramidum	Mali	Inabog	19.35	0.233333333333333
M4338	P14MenMal	Hap_14	Gerbillus pyramidum	Mali	Ménaka	15.9	2.416666666666665
M4926	P15IbdMal	Hap_15	Gerbillus pyramidum	Mali	Ibdeken (vallée)	18.7	1.38333333333333333
M5288	P16AbeMal	Hap_16	Gerbillus pyramidum	Mali	Abeibara	19.7166666666665	1.75

M5952	P19Tes Mal	Hap_17	*Gerbillus pyramidum*	Mali	Tessalit	20	0.933333333333333
M5978	P20InaM al	Hap_18	*Gerbillus pyramidum*	Mali	Inabog	19.35	0.233333333333333
M5982	P21Cha Mal	Hap_19	*Gerbillus pyramidum*	Mali	Oued Chacheguer ène	19.716666666666665	0.0166666666666666
S10340	P24Akj Mau	Hap_20	*Gerbillus pyramidum*	Mauritanie	Akjoujt	16.733333333333334	-13.6277333333333
S10342	P25Akj Mau	Hap_21	*Gerbillus pyramidum*	Mauritanie	Akjoujt	16.733333333333334	-13.6277333333333
S10334	P26Akj Mau	Hap_22	*Gerbillus pyramidum*	Mauritanie	Akjoujt	19.736058333333332	-13.6325805555555

S10347	P27Akj Mau	Hap_23	*Gerbillus pyramidum*	Mauritanie	Akjoujt	16.7333333333333334	-13.6277333333333333
S10351	P28Sou Mau	Hap_24	*Gerbillus pyramidum*	Mauritanie	Souegya	20.2684944444444446	-12.8816666666666
TER14	P30TerN ig	Hap_2	*Gerbillus pyramidum*	Niger	Massif de Termit, camp Seamus	16.073	11.4540666666666
TER19	P32TerN ig	Hap_25	*Gerbillus pyramidum*	Niger	Massif de Termit, camp Seamus	16.0709166666666665	11.4557

TER25	P33TerNig	Hap_26	*Gerbillus pyramidum*	Niger	Massif de Termit, vallée de Colocynthus	15.80645	11.4538666666666666
TER26	P34TerNig	Hap_27	*Gerbillus pyramidum*	Niger	Massif de Termit, vallée de Colocynthus	15.80625	11.4535333333333333
1997017	G1Nou Mau	Hap_2	*Gerbillus gerbillus*	Mauritanie	Nouakchott	18.3333333333333332	-14.0333333333333333
1999278	G2TAm Mau	Hap_3	*Gerbillus gerbillus*	Mauritanie	Tamzakt	17.4333333333333334	-15.95
1999279	G3Nou Mau	hap_4	*Gerbillus gerbillus*	Mauritanie	Nouakchott	18.3333333333333332	-14.0333333333333333

1999281	G5Nou Mau	Hap_5	Gerbillus gerbillus	Mauritanie	Nouakchott	18.1	-14.033333333333333
2002291	G6GouN ig	Hap_6	Gerbillus gerbillus	Niger	Gougaram	18.55	7.783333333333333
2002416	G7AchN ig	Hap_7	Gerbillus gerbillus	Niger	Achegour	19.016666666666666	11.716666666666667
2002451	G8Amz Nig	Hap_1	Gerbillus gerbillus	Niger	Amzeguer	17.216666666666665	9.233333333333333
2002461	G10Ach Nig	Hap_7	Gerbillus gerbillus	Niger	Achegour	19.016666666666666	11.716666666666667
M4595	G11Tsi Mal	Hap_8	Gerbillus gerbillus	Mali	Tsinsack	16.733333333333334	-1.05
M4602	G12Tsi Mal	Hap_9	Gerbillus gerbillus	Mali	Tsinsack	16.733333333333334	-1.05

M4613	G13Tsi Mal	Hap_10	Gerbillus gerbillus	Mali	Tsinsack	16.7333333333334	-1.05
M5934	G18Ina Mal	Hap_11	Gerbillus gerbillus	Mali	Inabog	19.3166666666666	0.233333333333333
M5938	G19Tou Mal	Hap_12	Gerbillus gerbillus	Mali	Touerat	17.8166666666666	-2.81666666666666
M5939	G20Ina Mal	Hap_13	Gerbillus gerbillus	Mali	Inabog	19.3333333333332	0.233333333333333
M5953	G22Tou Mal	Hap_14	Gerbillus gerbillus	Mali	Touerat	17.8166666666666	-2.81666666666666
M5958	G24Tou Mal	Hap_15	Gerbillus gerbillus	Mali	Touerat	17.8166666666666	-2.81666666666666
M5985	G26Ina Mal	Hap_5	Gerbillus gerbillus	Mali	Inabog	19.35	0.233333333333333

S8415	G28Tou Mau	Hap_16	*Gerbillus gerbillus*	Mauritanie	Touajil	22.12888888888888	-11.31072222222223
S8416	G29Tou Mau	Hap_17	*Gerbillus gerbillus*	Mauritanie	Touajil	22.12888888888888	-11.31072222222223
S8419	G30Tou Mau	Hap_18	*Gerbillus gerbillus*	Mauritanie	Touajil	22.12888888888888	-11.31072222222223
S8420	G31Tou Mau	Hap_16	*Gerbillus gerbillus*	Mauritanie	Touajil	22.12888888888888	-11.31072222222223
S8421	G32Tou Mau	Hap_19	*Gerbillus gerbillus*	Mauritanie	Touajil	22.12888888888888	-11.31072222222223
S10357	G33Sou Mau	Hap_20	*Gerbillus gerbillus*	Mauritanie	Souegya	20.26761388888889	-12.86613888888888
S10386	G34Lem Mau	Hap_21	*Gerbillus gerbillus*	Mauritanie	5 Km Sud LEMCID	18.15170833333332	-15.89802222222222

S10391	G35Lem Mau	Hap_22	*Gerbillus gerbillus*	Mauritanie	5 Km Sud LEMCID	18.15170833333332	-15.89802222222222
S10465	G37Mas Mau	Hap_23	*Gerbillus gerbillus*	Mauritanie	Keur Massène	16.5530916666667	-15.7664833333333
TER10	G38Ter Nig	Hap_24	*Gerbillus gerbillus*	Niger	Massif de Termit, camp Seamus	16.0708333333333	11.45555
TER16	G40Ter Nig	Hap_25	*Gerbillus gerbillus*	Niger	Massif de Termit, camp Seamus	16.0707166666666	11.45635
ZBSC0065	G46Nou Mau	Hap_26	*Gerbillus gerbillus*	Mauritania	Nouakchott, 115km NE of	18.919427	-15.384957

ZBSC0080	G47AimMau	Hap_27	Gerbillus gerbillus	Mauritania	Oued Aimou, 7km N of	20.679607	-16.031008
ZBSC0199	G48GheMau	Hap_2	Gerbillus gerbillus	Mauritania	Gherd el 'Angra	21.2802929	-16.0917824
ZBSC0200	G49GheMau	Hap_28	Gerbillus gerbillus	Mauritania	Gherd el 'Angra	21.2802929	-16.0917824
ZBSC0202	G51GheMau	Hap_29	Gerbillus gerbillus	Mauritania	Gherd el 'Angra	21.2802929	-16.0917824
1995002	T1AgnMau	Hap_6	Gerbillus tarabuli	Mauritanie	Agneitir	19.333333333333332	-15.716666666666667
1995035	T2NouMau	Hap_29	Gerbillus tarabuli	Mauritanie	Nouakchott	18.1	-14.033333333333333
1995045	T3TamMau	Hap_7	Gerbillus tarabuli	Mauritanie	Tamzakt	17.433333333333334	-15.95

1995082	T4Tam Mau	Hap_30	Gerbillus tarabuli	Mauritanie	Tamzakt	17.4333333333334	-15.95
1999003	T6AyoM au	Hap_28	Gerbillus tarabuli	Mauritanie	Ayôun el atrôus	16.5833333333332	-8.41666666666666
1999004	T7AyoM au	Hap_31	Gerbillus tarabuli	Mauritanie	Ayôun el atrôus	16.5833333333332	-8.41666666666666
1999008	T8AyoM au	Hap_32	Gerbillus tarabuli	Mauritanie	Ayôun el atrôus	16.5833333333332	-8.41666666666666
1999011	T9AyoM au	Hap_25	Gerbillus tarabuli	Mauritanie	Ayôun el Atrôus	16.5833333333332	-8.41666666666666
1999013	T11Ayo Mau	Hap_33	Gerbillus tarabuli	Mauritanie	Ayôun el Atrôus	16.5833333333332	-8.41666666666666
1999020	T14Ayo Mau	Hap_28	Gerbillus tarabuli	Mauritanie	Ayôun el Atrôus	16.5833333333332	-8.41666666666666

1999029	T15Ayo Mau	Hap_27	*Gerbillus tarabuli*	Mauritanie	Ayôun el Atrôus	16.5833333333332	-8.41666666666666
1999035	T16Egu Mal	Hap_1	*Gerbillus tarabuli*	Mali	Eguerer	18.2	1.4
1999125	T17Ayo Mau	Hap_34	*Gerbillus tarabuli*	Mauritanie	Ayôun el Atrôus	16.5833333333332	-8.41666666666666
1999669	T19Tou Nig	Hap_8	*Gerbillus tarabuli*	Niger	Toukounous	14.5166666666667	3.3
2002269	T21Teg Nig	Hap_26	*Gerbillus tarabuli*	Niger	Teguidda°n Tesoumt (Aïr)	17.45	6.7
2002272	T22Teg Nig	Hap_24	*Gerbillus tarabuli*	Niger	Teguidda°n Tesoumt (Aïr)	17.45	6.7

2002285	T23Teg Nig	Hap_26	*Gerbillus tarabuli*	Niger	Teguidda°n Tesoumt (Aïr)	17.41666666666668	6.7833333333333333
2002360	T26Lag Nig	Hap_9	*Gerbillus tarabuli*	Niger	Lagane (Vallée)	14.9	12.51666666666667
M-ANE1	T31Ane Mal	Hap_10	*Gerbillus tarabuli*	Mali	Anefis	17.98333333333334	0.45
M-TAD10	T32Tad Mal	Hap_11	*Gerbillus tarabuli*	Mali	Tadrart	17.36666666666667	-1.2
M4590	T34Nia Mal	Hap_12	*Gerbillus tarabuli*	Mali	Niafunfé	15.93333333333334	-2.03333333333333333
M4597	T35Tsi Mal	Hap_35	*Gerbillus tarabuli*	Mali	Tsinsack	19.73333333333334	-1.05
M4598	T36Tsi Mal	Hap_11	*Gerbillus tarabuli*	Mali	Tsinsack	16.73333333333334	-1.05

M4603	T37Kab Mal	Hap_3	Gerbillus tarabuli	Mali	Kabara	16.7166666666665	-1.01666666666666
M4615	T38Tsi Mal	Hap_36	Gerbillus tarabuli	Mali	Tsinsack	19.733333333333334	-1.05
M4622	T39Nia Mal	Hap_2	Gerbillus tarabuli	Mali	Niafunké	15.933333333333334	-2.03333333333333
M5971	T42Ina Mal	Hap_13	Gerbillus tarabuli	Mali	Inabog	19.35	-0.2333333333333333334
M5948	T43Kre Mal	Hap_37	Gerbillus tarabuli	Mali	Kreb in Karoua	19.35	0.183333333333333
M4942	T44Ibd Mal	Hap_14	Gerbillus tarabuli	Mali	Ibdeken (vallée)	18.7	1.383333333333333
M4944	T45Ane Mal	Hap_15	Gerbillus tarabuli	Mali	Anekar	15.9	3.16666666666665

M5233	T46Abe Mal	Hap_38	*Gerbillus tarabuli*	Mali	Abeibara	19.7166666666665	1.75
M5234	T47Tid Mal	Hap_16	*Gerbillus tarabuli*	Mali	Tidermène	17.0166666666666	-1.05
M5263	T48Tid Mal	Hap_17	*Gerbillus tarabuli*	Mali	Tidermène	17.0166666666666	-1.05
M5292	T49Teb Mal	Hap_18	*Gerbillus tarabuli*	Mali	In Tebezas	18.0166666666666	1.81666666666666667
M5614	T50Bin Mal	Hap_4	*Gerbillus tarabuli*	Mali	Bintagoungou	16.7333333333334	-2.2666666666666
M5616	T51TEl Mal	Hap_39	*Gerbillus tarabuli*	Mali	Télédjindé	16.4166666666668	-2.2833333333333
M5634	T52Tom Mal	Hap_19	*Gerbillus tarabuli*	Mali	Tomboctou	16.75	2.98333333333334

M5646	T53Tel Mal	Hap_40	Gerbillus tarabuli	Mali	Télédjindé	16.41666666666668	-2.283333333333333
M5651	T54Tom Mal	Hap_41	Gerbillus tarabuli	Mali	Tomboucto u	16.75	2.983333333333334
M5929	T55Aza Mal	Hap_5	Gerbillus tarabuli	Mali	Azaouad	17.85	-0.183333333333333
M5944	T56Aza Mal	Hap_2	Gerbillus tarabuli	Mali	Azaouad	17.85	-0.183333333333333
M5949	T58Tes Mal	Hap_5	Gerbillus tarabuli	Mali	Tessalit	20.18333333333334	0.966666666666666
M5950	T59Tad Mal	Hap_4	Gerbillus tarabuli	Mali	Tadrart	17.36666666666667	-1.2
M5962	T60Kre Mal	Hap_24	Gerbillus tarabuli	Mali	Kreb in Karoua	19.35	0.183333333333333

M5977	T61Ina Mal	Hap_20	*Gerbillus tarabuli*	Mali	Inabog	19.35	-0.2333333333333334
S10339	T64Akj Mau	Hap_21	*Gerbillus tarabuli*	Mauritanie	Akjoujt	16.7333333333333334	-13.6333333333333333
S10364	T65Ham Mau	Hap_27	*Gerbillus tarabuli*	Mauritanie	Hamdoun	20.3166666666666	-12.85
S10394	T67Lem Mau	Hap_42	*Gerbillus tarabuli*	Mauritanie	LEMCID	18.15	-15.9
S10396	T68Lem Mau	Hap_43	*Gerbillus tarabuli*	Mauritanie	LEMCID	18.15	-15.9
S10411	T70Tig Mau	Hap_28	*Gerbillus tarabuli*	Mauritanie	Tiguent	17.2	-15.9333333333333333
S10445	T76Mou Mau	Hap_22	*Gerbillus tarabuli*	Mauritanie	El Mounane	17.2166666666666665	-15.8833333333333333

S10451	T77Mou Mau	Hap_44	Gerbillus tarabuli	Mauritanie	El Mounane	17.2166666666665	-15.8833333333333
S10458	T78Mas Mau	Hap_45	Gerbillus tarabuli	Mauritanie	Keur Massène	16.5697083333335	-15.7159444444444
S10464	T79Mas Mau	Hap_46	Gerbillus tarabuli	Mauritanie	Keur Massène	16.5666666666666	-15.7166666666666
S10468	T81Mas Mau	Hap_23	Gerbillus tarabuli	Mauritanie	Keur Massène	16.5666666666666	-15.7166666666666
S10477	T82Mas Mau	Hap_47	Gerbillus tarabuli	Mauritanie	Keur Massène	16.5666666666666	-15.7166666666666
S10480	T83Mas Mau	Hap_48	Gerbillus tarabuli	Mauritanie	Keur Massène	16.5697083333335	-15.7159444444444
ZBSC00 62	T84Cho Mau	Hap_30	Gerbillus tarabuli	Mauritanie	Chogâr, 20km NE	17.422828	-13.435163

ANNEXE 4 : Liste des publications et communications

I.   Publications

Ndiaye A., Bâ K., Aniskin V., Benazzou T., Chevret P., Konecny A., Sembene M., Tatard C., Kergoat *G. J.* and Granjon L., 2012. Evolutionary systematics and biogeography of endemic gerbils (Rodentia, Muridae) from Morocco: an integrative approach. *Zoologica scipta*, 41: 11-28.

Thiam M., Bâ K., Ndiaye A., Diouf M., Ndour R. and Granjon L., 2012.Evolution des communautés de petits mammifères et de leurs parasites intestinaux dans le Sahel Sénégalais dans le contexte de la mise en place de la grande muraille verte. **In**: OHM.I Tessekere CNRS-UCAD, Les cahiers de l'observatoire International « Homme-Milieux » Tessekéré. Dakar, Sénégal, 75-85.

Ndiaye A., Shanas U., Chevret P., and Granjon L., 2013. Molecular variation and chromosomal stability within *Gerbillus* nanus (Rodentia, Gerbillinae): taxonomic and biogeographic implications. *Mammalia*, 77: 105-111.

Nicolas V., Ndiaye A., Benazzou T., Souttou K., Delapre A., Couloux A. and Denys C. Phylogeography of the North African Dipodil (Rodentia: Muridae) based on Cytochrome b sequences, *Journal of Mammalogy* (accepté).

Ndiaye A., Hima K., Dobigny *G.*, Sow A., Dalecky A., Bâ K., Thiam M. and Granjon L.. Integrative study of a poorly known Sahelian rodent species, *Gerbillus* nancillus (Rodentia, Gerbillinae), *Zoologischer Anzeiger* (soumis).

II.   Communications affichées

Ndiaye A., Ba K., Sembène M. and Granjon L., 2010. « Le littoral atlantique saharien, centre de diversité des rongeurs du genre *Gerbillus* » présenté lors des Journées Régionales de l'IRD du 11 au 12 Mai 2010.

Ndiaye A., Chevret P., Dobigny *G.* and Granjon L., 2013. Molecular phylogeny of *Gerbillus* (Rodentia : Gerbillinae) using mitochondrial and nuclear genes: taxonomic implications » présenté lors du 11ème congrès de Mammalogie (11-16 Août 2013) à Belfast, Irlande.

Ndiaye A., Pagès M., Tatard C., Stanley W., Cosson J.-F. and Granjon L., 2013. « Taxonomic use of collection specimens using ancient DNA molecular methods: an exemple in *Gerbillus* rodents » présenté lors de la 1ère journée des présentations de la plateforme du LabEx CeMEB (28-11-2013) à Montpellier, France.

III.   Communication orales

Ndiaye A., 2010. « Systématique évolutive de rongeurs du genre *Gerbillus* » lors des Doctoriales de l'UCAD (24 au 26 Novembre 2010).

Ndiaye A, 2010. « Le littoral atlantique saharien, centre de diversité de rongeurs du genre *Gerbillus*: Systématique évolutive d'espèces ouest-africaines de Gerbilles », 1[er]séminaire du réseau RAT-Sahel (Mbour/SENEGAL) du 25 au 29 Octobre 2010.

Ndiaye A., 2011. « Caractérisation génétique et répartition géographique de deux petites espèces de gerbilles : *Gerbillus* amoenus et *Gerbillus* nanus » présenté lors du 2[nd]séminaire du Réseau RAT-Sahel (Niamey/NIGER) du 12 au 15 décembre 2011.

Ndiaye A., 2012. Phylogéographie comparée de quelques espèces de rongeurs du genre *Gerbillus* (Muridae, Gerbillinae) caractéristiques des zones arides à sub-arides sahariennes et péri-sahariennes au cours de la session intitulée « Evolution génomique » présentée lors de la 5ème édition du Printemps de Baillarguet (31 Mai - 01 Juin 2012) à Montferrier-Sur-Lez, France.

Ndiaye A., 2012. «*Gerbillus* nancillus, une 4ème espèce de Gerbillinae nouvellement arrivée au Sénégal ? » présenté lors du 3ème séminaire du Réseau RAT-Sahel (Koudougou/Burkina-Faso) du 03 au 07 Décembre 2012.

Ndiaye A., 2013. Biodiversity and biogeography in the genus *Gerbillus*, a marker of the Saharo-Sahelian area: New data obtained via the integrative approach. Présenté lors de la 13ème réunion annuelle du Groupe d'Intérêt Saharo-Sahélien (01 au 05 Mai) à Agadir au Maroc.

Ndiaye A., 2013. Séquençage d' « ADN dégradé » et taxonomie de spécimens de collection : Un exemple chez les rongeurs du genre *Gerbillus*. Présenté lors du 4ème séminaire du Réseau RAT-Sahel du 11 au 16 Novembre 2013 à Saint-Louis, Sénégal.

www.ingramcontent.com/pod-product-compliance
Lightning Source LLC
Chambersburg PA
CBHW021030210326
41598CB00016B/971